也谈数学的

『思想与方法』

李衡 著

四川大学出版社

图书在版编目（CIP）数据

也谈数学的"思想与方法" / 李衡著． — 成都：
四川大学出版社，2022.12
ISBN 978-7-5690-5296-1

Ⅰ．①也… Ⅱ．①李… Ⅲ．①数学－思想方法 Ⅳ．
① 01-0

中国版本图书馆 CIP 数据核字（2022）第 009945 号

书　　名：也谈数学的"思想与方法"
　　　　　Yetan Shuxue de "Sixiang yu Fangfa"
著　　者：李　衡

选题策划：王　睿
责任编辑：王　睿
责任校对：周维彬
装帧设计：悟阅文化
责任印制：王　炜

出版发行：四川大学出版社有限责任公司
　　　　　地址：成都市一环路南一段 24 号（610065）
　　　　　电话：（028）85408311（发行部）、85400276（总编室）
　　　　　电子邮箱：scupress@vip.163.com
　　　　　网址：https://press.scu.edu.cn
印前制作：四川悟阅文化传播有限公司
印刷装订：四川省平轩印务有限公司

成品尺寸：145mm×210mm
印　　张：7.75
字　　数：205 千字

版　　次：2022 年 12 月 第 1 版
印　　次：2022 年 12 月 第 1 次印刷
定　　价：58.00 元

本社图书如有印装质量问题，请联系发行部调换

扫码查看数字版

四川大学出版社
微信公众号

序

　　数学思想蕴含在数学知识形成、发展和应用的过程中，是对数学事实与理论经过概括后产生的本质认识，是数学学科发展的根本，是数学教学的核心与精髓。

　　教学方法即用数学语言表述事物的状态、关系和过程，并加以推导、演算和分析，以形成对问题的解释、判断的方法。

　　《义务教育数学课程标准（2011年版）》在课程总目标中提出了"四基"的要求，旨在通过义务教育阶段的学习，学生能够获得适应未来社会生活和进一步发展所必须的基础知识、基本技能、基本思想和基本活动经验。这充分表明了数学思想在基础教育阶段的重要性。

　　李衡校长是福建省特级教师，长期致力于小学数学的教学研究与实践，1998年她加入了华东师范大学叶澜教授"新基础教育推广性发展性研究"课题研究团队，参与了为期5年的新基础教育课题研究。通过这5年的研究，她开始深入思考数学课堂的价值取向问题，探索如何让课堂焕发新的活力。在长期的教学实践与反思过程中，她找到了让课堂焕发活力的途径——在课堂教学中融入数学思想。于是，她开始在课堂教学中进行大胆的改革与实践；她的实验日记满满地承载着一个教师对教学的热爱和对梦想的追求；她的改革取得了良好的成效；她的课堂焕发了新的活力，灵动富有生机，不仅有效激发了学生的好奇心和求知欲，而且让学生充分体验到数学的神奇和美妙。她的学生多年后回到母校的愿望就是：再上李老师的一节课，因为那是快乐的事。

我和李衡校长认识是在一次郑州的学术活动中，她找到了我并与我进行了深入的交流，她渴望在专业上能得到进一步的提升，希望能加入我的教学研究团队。2018 年 12 月"苏明强工作站"在福清市瑞亭小学正式成立，从此我们一起走上了"数学思想与方法"教学研究的道路。两年来，围绕"数学思想与方法"的教学问题，我们开展了"一课研究""读书分享""教学研讨"等一系列活动。李衡校长在活动中展示了她融入数学思想与方法教学的数学课堂，在读书分享会上，她从数学思想与方法的视角阐述了自己的理解，让大家感受到"数学思想与方法"给课堂、学生乃至教师自身发展带来的变化。

她带着对教育的热爱和对教学的执着追求，在教学改革的道路上越来越坚定自己的研究方向，在一路追梦的过程中逐渐成长起来，成为福州市骨干教师、福清市名师工作室领衔名师、福建省学科带头人、福建省特级教师。她和团队成员一起，在教学改革中前行，在实践中探索，在历练中成长。

行走在路上，梦就在前方，有了梦想，心就会飞翔，有了飞翔，梦就不再遥远！

希望李衡校长不忘教育的初心，坚守教学的梦想，迎难而上，砥砺前行，持续努力，创造奇迹，帮助更多的孩子，成就更多的老师。

苏明强

2020 年 12 月 27 日

苏明强：泉州师范学院教授，硕士生导师，泉州师范学院教育科学研究所所长，教育部义务教育数学课程标准审议组专家，教育部义务教育数学教材审查组专家，福建省小学数学学科带头人培养基地首席专家，福建省优秀成果奖学科组评审专家，福建省首批基础教育教师培训专家。2014年荣获福建省第七届高等教育教学成果一等奖，2017年荣获福建省基础教育教学成果一等奖，2018年荣获福建省基础教育教学成果特等奖，2018年荣获国家教学成果二等奖。

目 录
CONTENTS

第一章 数学思想的意义和应用

第一节 数学思想的意义

《辞海》中认为"思想"亦称"观念",是思维活动的结果,属于理性认识。《中国大百科全书》认为"思想"是相对于感性认识的理性认识成果。"思想"在《现代汉语词典》中被解释为客观存在,反映在人的意识中经过思维活动而产生的结果。《苏联大百科全书》中指出思想是解释客观现象的原则。由此可见,思想是认识的高级阶段,是事物本质的、高级抽象的概括的认识,它为人们的行动指明了方向。帕斯卡曾说过:"思想成全人的伟大。""我能想象一个人没有手、没有脚,或没有头(只因经验告诉我们,头比脚更重要),但我无法想象一个人没有思想,那就成了一块石头或者一只动物了。"[1] 由此可见思想的重要性。

---

[1] 帕斯卡. 人是一根会思考的芦苇 [M]. 郭向南,编译. 北京:北京联合出版公司,2017:196.

作为数学教师，我们要有自己的思想，没有思想而随波逐流的教师将误人子弟；对学生而言，我们要力求让他们有自己的思想，因为思想成全人的伟大。

对于学习数学而言，体会、感悟与合理运用数学思想是学好数学的关键。那么，什么是数学思想呢？所谓数学思想，是指人们对数学理论与内容的本质认识，是从某些具体数学认识过程中提炼出的一些观点，它揭示了数学发展中普遍的规律，它直接支配着数学的实践活动，这是对数学规律的理性认识。数学思想是数学知识的"灵魂"，是提高学生数学能力和思维的重要手段，也是数学教育中实现从传授知识到培养学生分析问题、解决问题能力的重要思维活动，还是提高数学素养的关键。

第二节　数学思想的应用

教师在进行数学教学时，固然应该教会学生必要的数学知识，但更重要的是帮助学生在学习的过程中获得相关的数学思想。数学思想是探索和研究数学所依赖的基础，也是数学课程教学的精髓。正如日本著名数学教育家米山国藏所说的那样："学生所学的数学知识，在进入社会后几乎没有什么机会应用，因而这种作为知识的数学，通常在走出校门后不到一两年就忘掉了。然而不管他们从事什么工作，唯有深深铭刻于头脑中的数学思想和方法随时发生作用，使他们受益终生。"① 从他的话中我们可以深深地体会到：数学知识本身是非常重要的，但它并不是唯一的决定因素，真正对学生以后的学习、生活和工作起长期作用，并使其终生受益的是把具体数学知识都忘掉以后所剩的东西——数学思想。富有思想的课堂总是充满生机与活力的，富有思想的课程能为学生的终生学习打下坚实的基础。因此，在我们的数学课堂中使学生获得基本的数学思想，提高学生的数学素养，是培养学生分析问题和解决问题能力的重要途径，是数学课程的重要目标。数学思想是数学教学的核心和精髓。因此，教师在课堂教学中不仅要传授学生知识，更要启迪学生的智慧，使学生获得思想。

---

① 林碧珍 . 给小学教学教师的 50 条建议 [M]. 福州：福建教育出版社，2018：2.

第二章　常用的数学思想

小学数学教材中蕴含着许多数学思想，每一种数学思想都闪烁着人类智慧的火花。但受限于小学生的认知水平，有的数学思想不易被小学生理解，因此，在小学数学教学中，只能适当渗透一些数学思想，如符号化思想、分类思想、有序思想、集合思想、对应思想、数形结合思想、转化思想、极限思想、模型思想、函数思想、优化思想、抽象思想等。

第一节　符号化思想

一、对符号化思想的认识

用符号化的语言（包括字母、数字、图形和各种特定的符号）来描述数学内容，这就是符号化思想。如数学中各种数量关系、量的变化及量与量之间进行推导和演算，都是用小小的字母表示，以符号的形式表达大量的信息，如定律、公式等。因为在数学中引入了符号，才使得数学具有简明、抽象、清晰、准确等特点，同时也促进了数学的普及和发展。国际通用的数学符号的使用，使数学成为国际化的语言之一。

《义务教育数学课程标准（2011年版）》（以下简称《课程标准（2011年版）》）认为："符号是数学的语言，也是数学的工具，更是数学的方法。"也就是说，用符号表示既是一种数学思想，也是一种数学方法。数学符号是人们在研究现实世界的数量关系和空间形式的过程中产生的，它源于生活，但并不是生活中真实的存在，而是一种抽象的概括。

如数字1，它可以表示现实生活中任何数量是一个物体的个数，是一种高度的抽象概括，具有一定的抽象性。一个数学符号一旦产生并被广泛应用，它就具有明确的含义，就能够进行精确的数学运算和推理证明，因而它具有精确性。数学能够帮助人们完成大量的运算和推理证明，但如果没有数学符号的参与，数学运算和推理证明的工作量及难度是很大的，也是让人望而生畏的。一旦简洁的符号参与了运算和推理证明，数学的简洁性就体现出来了。如欧洲人在12世纪以前基本上用罗马数字进行计数和运算，由于这种计数法不是位值制的，大数的四则运算非常复杂，严重阻碍了数学的发展和普及。直到12世纪，阿拉伯数字及其十进制计数法传入欧洲，才使算术有了较快的发展和普及。数学符号经历了从发明到应用再到统一的过程，促进了数学的发展；反之，数学的发展也促进了符号的发展。因此，数学和符号的发展是相互促进的，而且这种发展也是一个漫长的过程。

二、符号化思想在教学中的应用

华罗庚先生说过:"数学的特点是抽象,正因为如此,用符号表示就更具有广泛的应用性与优越性。"① 符号可以将复杂的语言文字叙述用简洁明了的字母和公式表示出来,便于我们记忆与运用。例如,有教师在教学"数学广角——排列组合"一课时,设计了这样一个环节:在学生初步能够表示多种搭配方案后,让学生用自己喜欢的方式将生活中的搭配方案(如衣服的搭配、早餐的搭配等)表示出来。在教学过程中,教师要适时引导学生运用语言、符号来描述自己的思维过程,并通过语义互译,渗透符号化思想,赋予抽象思维过程以简约、概括、直观的表征,使学生体会到用符号表示的优势。

三、符号化思想培养的"五法"

符号表示既是一种数学思想,也是一种数学方法。为此,教师在教学中要关注学生已有的符号经验,精心组织学生的实践活动,让学生从看得见、摸得着的实践活动中,去发现自己也是"研究者、探索者、发现者",从而培养学生的符号意识,发展学生的数学思维。教师可从以下几方面培养学生的符号意识。

(一)在认识中感悟数学符号

英国著名数学家罗素说过:"什么是数学?数学就是符号加

---

① 林碧珍. 数学思维养成课——小学数学这样教(修订本)[M]. 福州:福建教育出版社,2018:189.

逻辑。"[1]可见符号意识是学好数学的基础。小学生自从接触数学时，就开始接触数学符号，一年级上册的数学书中就有从具体情境和直观图中抽象出的数学符号0到9，关系符号">""<""="，运算符号"+""－"等例子。如人教版《数学》（以下简称《数学》）一年级上册第50页"8和9"的认识一课，书中通过呈现主题图，让学生找出图中有几盆花、几棵树。当学生找出8棵树和9盆花后，教师应立即追问：8还可以怎样表示？学生通过经验说到，可以用小棒、点子图……在引出8和9的写法时，使形象的知识符号化。为进一步巩固学生的符号意识，还可以让学生在学具里拨出8和9，体会8和9的大小，抽象出8<9的概念，使学生体会到这样表示比画图来得简便。数学课堂中我们总是寻找各种机会让学生经历从具体到抽象，经历符号化的过程，感受符号的简洁，培养学生的符号意识。

（二）在理解中掌握数学符号

在数学知识中，公式、法则、性质、定律、定理等都是在概念的基础上进行界定和描述的，概念是知识的核心，概念及概念之间的关系构成了知识结构的主体。良好的知识结构是学生获得数学思想与方法的基础，只有理解了概念及概念之间的关系，才能更好地掌握数学符号。例如，在教学"乘法交换律"一课时，教师可引导学生观察情境图获取相应信息并提出问题：一共有25个小组参加植树活动，每组有4个人负责挖坑和种树，负责挖坑和种树的一共多少人？教师先组织学生独立思考，列式计算并在小组中交流，再请学生汇报发言，根据学生的汇报发言呈现两种计算方法。方法一：$25×4=100$（人）。方法二：$4×25=100$（人）。

---

① 吴正宪、刘劲苓、刘克臣.小学数学教学基本概念解读[M].北京：教育科学出版社，2014:58.

教师应立即追问他们：算得都对吗？为什么？引导学生思考并明确：把每组人数乘以组数或者把组数乘以每组人数，都可以计算出负责挖坑和种树的总人数。在学生理解了算式的意义以后，让他们仔细观察这个算式，教师再提出问题："你还能举出这类等式吗？"最后根据学生的举例进行展示，引导学生观察算式的特点，让学生概括出：两个数相乘，交换两个因数的位置，积不变，这就是乘法的交换律。在学生充分理解的基础上教师提出：能用简洁的方式表示乘法交换律吗？学生将已经学过的加法运算定律的表示方式迁移到乘法交换律上，得出：$a \times b = b \times a$。学生体会了用符号来表示定律的简便性，为后续的学习打下一定的基础。

（三）在运用中强化数学符号

符号意识的培养应贯穿于数学学习的整个过程，而不是让学生简单地记忆和模仿。如在教学《数学》四年级下册的"运算定律"一课时，教师会发现学生刚学完一种运算定律，解决相对应的题型时会很容易完成，但是当他们解决混合在一起的题型时就开始出错了。因此，教师这时应通过练习题，将这几种运算定律混合在一起，利用学生原有的符号感，解决相对应的题型，让学生明白何时用加法交换律，何时用加法结合律。当算式中有乘加或者乘减时，可想到的是乘法分配律，当出现"88×125"等算式时，学生可利用原有的知识，将它转化为"$11 \times 8 \times 125$"或者"$(80+8) \times 125$"，让学生在应用知识解决问题中进一步巩固各种用字母表示的定律。只有在应用中强化这几个定律的相同点、不同点和符号的表示方法，才能进一步巩固数学的符号化思想。

（四）在建模中建构数学符号

符号化思想渗透的最终目的是让学生能自觉地、有意识地运

用符号去表达数学内容，因此，教师在教学时，应注意设计一些
利于用符号分析的问题，鼓励学生运用符号化思想去思考，让学
生明白符号化思想能够帮助他们解决学习和日常生活中的实际问
题，体验符号化思想的价值。

[教学片段]　搭正方形

用小棒搭正方形（图 2-1），1 个正方形需要 4 根小棒，那么
2 个、3 个、4 个、5 个、6 个、7 个、8 个……n 个正方形分别需
要多少根小棒？

图 2-1

（在学生试着摆一摆，交流讨论后，得出 2 个正方形要 7 根
小棒，3 个正方形需要 10 根小棒，4 个正方形要 13 根小棒，…，
8 个正方形要 25 根小棒）

师：谁能来说说 8 个正方形要 25 根小棒是怎么得到的？

生 1：$3 \times 8 + 1 = 25$。

生 2：$4 \times 8 - (8 - 1) = 25$。

生 3：$8 + 8 + (8 + 1) = 25$。

师：如果用 n 表示正方形个数，那么搭 n 个这样的正方形需
要多少根小棒？

生 1：$3 \times n + 1$。

生 2：$4 \times n - (n - 1)$。

生 3：$n + n + (n + 1)$。

师：那么搭 100 个这样的正方形需要多少根小棒？

生4：将100代入$3 \times n+1$，得到301根。

把实际问题的数量关系用符号表示出来，就是符号化的过程，再运用公式解决实际问题，最终得出结果，整个过程就是另一种重要的数学思想——建模思想。在本例中，学生通过操作、交流、观察、归纳，得出公式，再运用公式解决实际问题，不仅强化了学生的符号意识，还提升了学生利用数学模型解决数学问题的能力，凸显了符号的精确性和抽象性。

（五）在辨析中内化数学符号

辨析是学习数学的一种方法，通过辨析能帮助学生巩固所学知识。因此在教学中，教师要注重让学生通过辨析的方法内化数学符号。

如，《数学》五年级下册中有一道习题："$1-\frac{1}{2}=($)，$\frac{1}{2}-\frac{1}{3}=($)，$\frac{1}{3}-\frac{1}{4}=($)，你能发现什么规律？请把这个规律表示出来。"通过仔细阅读题目，我们会发现归纳规律对学生来说并不难，难的是用字母表示规律。通过观察每个式子，会发现被减数的分母是几，减数的分母比被减数的分母大1，假如被减数的分母就是n，减数的分母就是$n+1$，得到的差是$\frac{1}{n(n+1)}$，所以$\frac{1}{n}-\frac{1}{n+1}=($)。通过通分、化简我们可以继续得出$\frac{1}{n}-\frac{1}{n+1}=\frac{n+1}{n(n+1)}-\frac{n}{n(n+1)}=\frac{1}{n(n+1)}$，让学生在辨析中一步步内化符号化的思想，通过辨析巩固学生所学知识。

为此，在小学阶段，教师应有意识地向学生渗透一些基本的数学思想与方法，这样可以加深学生对数学概念、公式、法则、定律等知识的理解，提高学生发现问题、提出问题、分析问题和解决问题的能力，才能为学生今后学习数学打下良好的基础。

案例 2-1　　**培养数学符号化思想的策略**

数学教学也是数学语言的教学，用数学符号语言更能体现出数学语言的简练、明确等特点，满足数学思想的表达需要，也能解决数学符号的抽象性与小学生思维的形象性之间的矛盾。为此，教师在教学中要帮助学生体验数学符号的价值，理解教学符号的意义。

1. 借助生活情境，唤醒符号意识

著名的语言学家皮埃尔·吉罗说过，"我们是生活在符号之间"。[①] 在现实生活中，各种各样的符号处处可见。学生所获得的生活经验已让他们初步感受到符号存在的意义。教师在教学中应当生动地展示以下几种情境：为什么要使用数学符号？感受到数学符号有哪些好处？教师要有意识地引导学生感受符号的必要性。

学生在低年级认识"0 ~ 9"时，对于日常意义上的"数数""识数""写数"已具有了一定的水平，但是这不代表学生真

---

① 皮埃尔·吉罗. 符号学概论 [M]. 怀宇，译. 成都：四川人民出版社，1998:135.

正理解、掌握了数字符号"0 ~ 9"，因此，教师在教学中创设情境去激发学生的符号意识。我们可以把对数的学习放入具体的生活场景中，让学生从具体事物或事件出发，丰富学生有关"数字"符号的背景知识，鼓励学生用自己独特的方式表示情景中的数量关系和变化规律，逐步走进符号化的数学世界，这是发展学生符号感的重要因素，能使学生从中体验到优越性，从而激发学生的新奇感，强化他们的认知动机。

2. 借助直观演示，树立符号意识

要培养学生的符号思想，就必须树立学生的符号意识，要有目的、有意识、有计划、有步骤地融入数学教学中。符号意识的形成，是培养学生符号感的基础。

当教师在教学"＝""＞""＜"时，例题提供了童话场景"动物乐园"，从不同动物只数的比较中，抽象出数的大小关系。比较两种动物数量的多与少，基本方法是一一对应、数形结合。通过一一对应的排列让学生明确它们的只数，以此建立"同样多"的概念，再用数形结合的方法抽象出"5＝5"，使学生认识并理解"＝"的含义：当两个物体个数"同样多"时，可以用"＝"来表示。接着引导学生比较运动会上松鼠和小熊的只数，通过对松鼠和小熊进行一一对应的排列，使学生明确松鼠比小熊多，小熊比松鼠少，从而建立"多""少"的概念，并以此为基础通过数形结合的方法抽象出"5＞4"和"4＜5"，认识理解"＞""＜"的含义，学会用"＞""＜"表示数量之间的关系。由此可见，符号意识的培养需要以坚实的生活经验为基础，教师在教学中应帮助学生在交流、分享的过程中积累经验，逐步体会用数、形将实际问题"符号化"的优越性，感受符号在理解和解决问题时的作用。

3. 采取有效方法，强化符号意识

建构主义理论认为，教学不能无视学习者（学生）已有的知识经验，简单强硬地从外部对学习者实施知识的"填灌"，而应当把学生原有的知识经验作为新知识的生长点。强化数学符号意识同样应该遵循这样的规律。

（1）让学生正确理解并使用数学符号。要让学生真正具有符号意识，就应该在教学中加强学生对符号含义和实质的理解。因此，教师在教学中要注意让学生正确理解符号的内涵，正确理解符号所表示的意义，即各种数学符号怎样书写，表示什么意思，在什么时候使用以及怎样使用，这是发展符号意识的基础。教师在给学生渗透符号意识的过程中应该遵循循序渐进的原则，要多启发、多引导，从学生原有的认知结构出发，引导学生自主建构符号化思想。

（2）把数学符号进行整理归类，形成数学符号知识网络。数学符号是丰富多彩的，它随着数学的发展也在不断地扩大和更新。通过整理归类，可帮助学生记忆，激发学生有意义的联想。因此，教师在教学活动中要帮助学生初步掌握简单的数学符号语言和日常语言的转化，完成从文字语言—数学语言—数学符号语言的转化，形成数学符号知识网络。

（3）通过综合运用，在实践中培养学生的数学符号意识。只有在实践中，才能更好地培养学生的数学符号意识；只有在拓展学习中，才能更好地发展学生的数学符号意识。因此，教师在平时的教学中要尽量考虑这方面的内容，多设计一些练习及测试，让学生的数学符号意识转变成一种习惯与能力。例如，在教学"三角形面积的计算"时，教师在引导学生推导出三角形的面积 ＝ 底 × 高 ÷ 2 后，应及时写出字母表达式：$S=ah \div 2$，便于

学生记忆和使用。在应用这一面积公式解决一些简单的实际问题后，可以让学生解决类似的问题。例如，已知三角形的面积为 12 平方厘米，三角形的底为 6 厘米，求三角形的高。这就需要学生把三角形的面积公式进行变形：$S=ah \div 2 \rightarrow S \times 2=ah \rightarrow S \times 2 \div a=h$，从而求出三角形的高为：$12 \times 2 \div 6=4$（厘米）。为了帮助学生实现这样的符号运算，教师可以再次结合三角形面积公式推导的过程，让学生体会"$S \times 2$"表示的是根据三角形的面积求出与它等底等高的平行四边形的面积，"$S \times 2 \div a$"表示用平行四边形的面积除以底就等于高，也就是三角形的高。对数学符号的灵活使用，能极大增强学生对数学符号的理解。

（4）鼓励创新，促进数学符号意识的建立。学生在体验、分析、理解等学习活动基础上，有时会根据自己的感悟按需要创新出新的符号。如在教学"用数对表示位置"的课程中，教师应适当引导，允许学生以个性化的符号进行表示，于是学生纷纷对数进行合理的创新，涌现出有多种多样的设计，创新意识得以充分的提高，让学生经历"从具体事物→学生个性化的符号表示→学会数学地表示"这一符号化的过程。学生在使用自己设计的符号时，能体会符号对自己思维的帮助，也最能积累使用符号的经验，形成符号意识。

第二节　分类思想

　　分类思想在小学数学的学习中有着广泛应用。它既是解决问题的一般的思想，也是在数学领域中常用的思想。因此，如何在教学中渗透分类思想，值得教师深入思考与研究。

一、对分类思想的认识

　　当人们面对比较复杂的问题时，需要把研究的对象按照一定的标准进行分类并逐类进行讨论，再综合结论去解决问题，这种思想就是分类的思想。分类思想的实质是把问题"分而治之、各个击破、综合归纳"。其分类规则和解决问题的步骤是：①根据需要确定统一分类标准。②恰当地对研究对象进行分类，分类后的所有子项之间既不能"交叉"也不能"从属"，而且所有子项的外延之和必须与被分类的对象的外延相等，通俗地说就是要做到"既不重复又不遗漏"。③逐类逐级进行讨论。④综合概括、归纳，得出最后结论。

　　《课程标准（2011 年版）》在总目标中要求学生能够运用数学的思维方式进行思考，包括有顺序、有层次、全面、有逻辑地思考。分类思想是培养学生有条理地思考的一种重要而有效的方法。无论是解决数学问题，还是解决实际的问题，都要注意数学原理、公式和方法在一般条件下的适用性和特殊情况下的不适用性，再通过分类讨论，全面地思考和解决问题。

分类是以比较为基础，按照数学研究对象本质属性的相同点和差异，将数学对象分为不同的种类。同时，分类思想还贯穿于整个数学教学的内容之中，当学生知识积累到一定程度时就需要运用分类、归纳的思想，以帮助建构自己的知识网络。分类思想与归纳思想有着比较密切的联系，知识的分类往往也伴随着归纳的思想。

二、分类思想在教学中的应用

分类思想不是数学所独有的，数学的分类思想体现在数学对象的分类及其分类的标准上。如自然数按能否被 2 整除，可分为奇数和偶数；按因数的个数又可分为质数、合数和 1。又如三角形可以按边分类，也可以按角分类。不同的分类标准会有不同的分类结果，从而产生新的概念。对数学对象的正确、合理分类取决于分类标准的正确、合理性，对数学知识的分类有助于学生对知识进行梳理和建构。

教师在教学中，如果对知识进行恰当地分类，就可以使大量纷繁的知识具有条理性。一般分类时要求满足互斥、无遗漏、简便的原则。几何图形中的分类更常见，如学习“角的分类”时，涉及许多概念，而这些概念之间的关系渗透着量变到质变的规律。角的分类是按照度数的大小来分类的，由此推理三角形可按角的特征来分类，以最大一个角大于、等于或小于 90° 为分类标准，可分为钝角三角形、直角三角形和锐角三角形。而三角形以边的长短关系为分类标准，又可分为不等边三角形和等边三角形。通过分类，可以帮助学生建构知识网络，使学生感悟到不同的分类标准会有不同的分类结果。

案例 2-2　　**分类思想在教学中的渗透**

面对比较复杂的问题时，我们要把研究的对象按照一定的标准进行分类并逐类进行讨论，使问题得到解决。分类思想贯穿于整个小学数学学习的内容中，因此，教师在教学中应注意渗透分类思想。

1. 结合图形教学渗透分类思想

在教学图形这一部分知识时，分类思想体现得尤为明显，往往要根据图形的特征或相互间的关系进行分类。例如，学生在四年级认识了平行四边形后，需要让学生了解四边形、平行四边形、梯形、长方形、正方形的概念以及它们之间的联系。这些图形之间是特殊与一般的关系，图形越特殊它的特征就越多。教学时，教师应引导学生根据它们之间的特征进行分类，如图 2-2 所示。

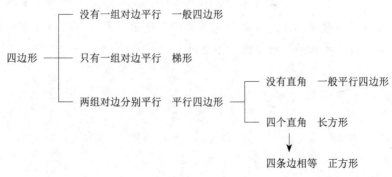

图 2-2

通过分类，学生可了解图形之间的联系和特征，掌握概念的本质，厘清知识之间的脉络。

2.结合概念教学渗透分类思想

在概念教学中应挖掘教材蕴含的分类思想，把握渗透分类思想的契机。例如，教师在教学"方程的意义"一课时，学生要掌握方程的意义，就要通过式子的二次分类建构和对"等式""含有未知数"进行理解，从而把握方程的本质属性。教学时，教师先出示：180+（　　）=300，180+x=300，180+x>300，180+x<300，50×2=100，5×m=85，（　　）－150=300，500－150>300，50+3a等式子。接着，教师引导学生把以上式子进行分类，通过分类让学生在比较中归纳出方程是含有未知数的等式。学生可根据式子中有无等号，将其分为有等号的式子和不含等号的式子；根据式子中是否含有未知数，又可分为含有未知数和不含有未知数的式子；还可以将含有未知数的式子按照式子中是否有等号，分成含有未知数的等式和含有未知数的式子。此时，满足方程的两个要素便很清楚了——含有未知数、等式，从而帮助学生更好地认识方程的本质。

又例如，教师在教学"垂直与平行"一课时，应引导学生通过一些数学活动渗透分类思想。教师可先出示同一平面内的各种不同位置关系的几组直线（图2-3）：

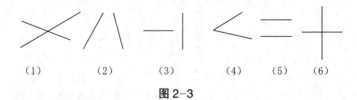

(1)　　　　(2)　　　　(3)　　　　(4)　　　(5)　　　(6)

图2-3

然后引导学生根据同一个平面内直线是否相交作为分类标

准，得到两大类后，整理其中一类中各组直线不相交的共同特征，从而引出平行的概念；在认识垂直的概念时，又以"相交是否成直角"为标准，对相交的直线进行分类，进而概括出垂直的概念。通过两次分类，能提高学生的空间想象能力，进而掌握概念的本质，同时也可培养学生分类思想的意识。

3. 结合"解决问题"教学渗透分类思想

在"解决问题"的教学中，教师引导学生通过合理的分类，帮助学生分析数量关系，归纳解题方法，从而培养学生解决问题的能力。例如，在教学"行程问题"的整理与复习课时，教师可通过多媒体分别演示四种典型行程问题：两地相向而行、两地相背而行、同地点相背而行、同地点同方向前进（追及问题）。通过学生的叙述，让学生体验题目中关键字的重要性，并要求他们独立进行解答，然后引导学生通过对比、观察、分析把四种行程问题分类。结果，学生出现了不同的分类标准：根据出发地点是否相同，根据出发方向是否一致，根据是否相遇，根据解题方法等。再通过交流互动，学生了解行程问题分类与各类解题方法。这时，教师追问：以后再遇到类似繁杂的行程问题时怎么办？学生想到了可以通过分类，把题目按自己的标准"对号入座"，从而寻求正确的解题方法。又例如，在教学"列方程解决问题"一课时，教师可以把题目分为"和倍"和"差倍"两类问题，学生在练习时，可引导他们对两种类型的问题对比分析，帮助学生更全面地思考问题，从而掌握解题的方法。

4. 结合"统计与概率"教学渗透分类思想

学生在日常生活中都会积累一定的分类知识。如对图书的分类、对水果的分类等，我们可以利用学生的生活经验，把生活中的分类迁移到数学学习中。在"统计与概率"教学中往往要渗透分类思想，而且分类思想还是概率与统计知识的重要基础。例如，教师在教学"购买水果"一课时，师："六一"儿童节就要到了，因举办班级联欢会并庆祝"六一"活动，要买一些水果，现在市场上苹果、梨、香蕉、桃子这四种水果最多，我们就在这四种水果中选择，应该怎样购买呢？同学们先独立思考，然后在小组内交流。生：先要调查我们班的每一位同学最喜欢吃的是哪一种水果，再按他们最爱吃的水果进行分类，在此基础上才能统计各种水果数量。

又例如，一位教师在教学"简单的统计"一课时，他是这样做的。师："我们掌握了一些简单的收集、整理和分析数据的方法，现在交通局局长请我们当参谋，统计南口路段机动车流量情况，咱们行吗？"要统计马路上的车辆，需要先对相关数据或现象进行合理的分类，教师可引导学生将机动车分为小汽车、大客车、货车、摩托车四类，然后再进行统计。

5.结合"数学广角"教学渗透分类思想

"数学广角"的内容中蕴含许多数学思想与方法，教师在教学时应做到有机渗透。例如，教师在教学一年级"找规律"一课时，例题中有图形的规律、数列的规律、数阵的规律。学生要想快速找到题目中的规律并能根据规律解决问题，就要了解图形、数列和数阵排列规律的一般方法。教师可以引导学生通过分类，找到其中的规律。教师通过呈现题目，让学生进行分类，第一次分类，学生根据题目呈现形式的不同，分为有图形和有数字两大类。教师让学生观察有图形的题目，继续启发学生：还能继续分类吗？学生根据排列规律的不同继续按照颜色和形状排列分类。

让学生观察含有数字的排列，教师问学生：还能继续分类吗？学生又分成两类：数列和数阵。学生观察数列规律，发现它们是根据前后两个数之间的和、差的规律来排列，数阵则是要找到三个数之间的和或者差的规律。通过分类，学生掌握了图形、数列、数阵的排列规律，在完成练习时能根据不同的规律快速地解决问题。

这样，学生通过自己的观察、猜测、验证、分类这一系列的活动经历，感悟数学规律，得出并归纳出各种解题的方法。

6. 结合"整理与复习"教学渗透分类思想

教师在教学"整理与复习"时，必然要引导学生对本单元的知识进行回顾与整理，有的学生会制作成"知识表格"，有的学生会绘制成"知识树"。他们会自觉或不自觉地运用分类讨论的方法，帮助自己建构起所学知识的架构。

例如，教师在教学"长方形、正方形周长与面积的整理复习"时，可要求学生在课前将这一单元内容进行整理。教师提出具体的整理要求后，可放手让学生进行整理，构建比较合理的知识结构。有的学生就整理出如下表格（表2-1）。

表2-1　长方形、正方形周长与面积的整理

项目		周　长			面　积			特　征
		概　念	公　式	单　位	概　念	公　式	单　位	
图形	长方形							
	正方形							

也有的学生整理成树形与塔形等知识结构图。结构图简单明

了，能够形象地把知识的联系和区别展示出来。学生对所学知识进行整理，能充分体现学生的学习能力，也更能帮助教师了解学生掌握知识的情况。

总之，只要我们在数学教学中渗透分类的思想，并进行综合应用，就会起到事半功倍的效果。

第三节　有序思想

数学思维是学生数学核心素养的重要组成部分，对于小学数学低年级的教学工作而言，培养学生的有序思想是不可或缺的重要内容之一。著者通过长时间的教学实践，注重引导和训练学生有步骤、有条理、渐进式地展开数学学习活动，帮助他们克服思维的盲目性与无序性，从观察、表达、操作以及实践等诸多环节着力培养学生的有序思想，既帮助学生有效地掌握知识，也进一步使学生的数学思维脉络清晰、条理分明，有力地促进了学生数学综合素养的持久生长。

一、对有序思想的认识

办任何事情，总需有一定的方法，从方法到操作，先做什么，后做什么，就需有一定的顺序与步骤，我们习惯将它称为次序。这种蕴含次序的思想称为有序思想。

二、有序思想在教学中的应用

受生理和心理的影响，小学生的思维具有差异性和可塑性。在日常教学中，我们常常发现一部分学生在思考问题时没有一定的顺序或表达得很含糊，其实这就可以看出学生缺乏思维的有序性。因此，我们在教学中要尽快熟悉和掌握学生们的思维特点，适时调控，使他们的思维沿正确的方向发展。若从小学低段开始培养学生的有序思想，这会使学生受益终生。

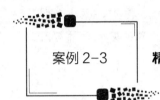

案例 2-3　　精心组织，主动探究有序思想
——以"数学广角——搭配"教学为例

"排列"是《数学》二年级上册第八单元"数学广角——搭配"例 1 的内容。与三年级下册的内容相比，其主要是让学生通过操作、观察、猜测、对比等方法，发现 3 个不同数字组成的两位数，初步渗透排列的思想与方法，逐步培养学生有序、全面思考问题的意识，以及探索数学问题的兴趣与欲望，同时积累数学活动的基本经验，感受数学与现实生活的联系，进而达到《课程标准（2011 年版）》第一学段的要求：使学生在解决问题的过程中，能进行简单的、有条理的思考。

1. 通过对卡片的搭配，直观经历有序排列的过程

教师出示卡片并提问：用 1、2 和 3 这三个数字组成两位数，

而且十位上的数和个位上的数不能一样，能组成几个两位数？

（请学生代表读题）

教师：现在是搭配成一个两位数。这个问题中，你们觉得哪些词最关键？

学生：两位数，不能一样。

教师：能不能举个例子。

（学生畅所欲言，教师注意举出反例）

2. 通过观察、对比，感受有序排列的结果

教师：同学们，你们说得很多，能不能把它们按顺序全部写出来呢？并数一数一共有几个两位数，自己独立完成后再与同桌互相交流。

（教师展示固定十位法的答案）

固定十位法

十位　个位

1　　2

1　　3

2　　1

2　　3

3　　1

3　　2

教师：请同学们观察固定十位法的数据有什么特点？

学生：十位上两个"1"，两个"2"，两个"3"。

3. 通过教师引导，学生观察，师生共同经历有序排列的过程

教师：观察很仔细，他是按照十位上1、2、3的顺序进行观

察的。现在让我们一起来试试怎么用固定十位法来写出全部的两位数。

教师：如果我在十位上写1，个位上可以写什么？

学生：写2或者3。

教师：那就是12和13，所以十位上是1的情况可以有两个两位数。

教师：现在12和13写了，我们就可以继续在十位上写下一个数了，可以是什么？

学生：2或者3。

教师：那我先写2好了，这时候个位上可以搭配什么？

学生：1和3。

教师：那就是21和23。现在十位上是2的情况也写完了，所以固定十位法的意思就是先固定十位上的一个数字，当这个数字搭配情况写完了才可以写下一个。现在只剩下3了。那可以组成哪些两位数？

学生：31和32。

教师：十位上3的情况写完了，还有吗？

学生：没有了。

教师：那到现在我们就全部写完了。

（同样的方法，教师整理出交换位置法）

交换位置法

十位	个位
1	2
2	1
1	3
3	1
2	3
3	2

4. 通过反例对比，感受有序思考的优点

教师：现在我们来看这组答案——12，31，23，32，21，大家发现了什么？

学生：少了一个13。

教师：答案少写了，数学上叫"遗漏"。12，32，31，21，23，13，21，这组答案呢？

学生：多了一个21。

教师：答案多写了，也可以说21写重复了，数学上叫"重复"。如果随便乱写，杂乱无章，就容易出现重复和遗漏的情况，如何做到不重复和不遗漏呢？这就是今天我们要学习的方法。

【评析】

教师通过各种活动，多层次、循序渐进、有条理地培养学生有序思考的能力。学生原有的排列经验是无序的，在学生口头回答出两位数时，教师强调要"有顺序"地写出两位数，能让学生初步感受有序思考的必要性，这时学生还不能一下子有序写出全部两位数，所以教师借助了卡片。通过摆放卡片，学生可以惯性地写出12，13，或者12，21，从而写出了全部的两位数。有了这个过程，教师趁热打铁让学生观察这种方法的特点，然后师生再次通过固定十位法和交换位置法，再次经历有序的思考过程，积累有序思考的经验。当学生建立了良好的基础后，教师再提出重复和遗漏的反例时，学生就能一眼分辨出对错，对有序排列更加青睐。这个教学片段依托于学生的基础，教师在教学时应有条不紊，过程流畅自然，语言精细，引导细腻，使学生学习起来轻松，更好地吸收知识。

第四节 集合思想

小学阶段宜采用直观手段，利用图形和实物渗透集合思想。

一、对集合思想的认识

把指定的具有某种性质的事物看作一个整体，就是一个集合（简称集），其中每个事物称为该集合的元素（简称元）。指定具有某种性质，是指我们有一定的规则或标准判断任何一个事物是否属于该集合，即给定的集合，它的元素必须是确定的，即任何一个事物是否属于这个集合，是能够确定的。如"学习成绩好的同学"不能构成一个集合，因为判断成绩好与不好的标准是模糊的，构成它的元素是不确定的。而"语文和数学的平均成绩在90分及以上的同学"就是一个集合，如小明的语文和数学的平均成绩是90分，那么小明就属于这个集合；小红的语文和数学的平均成绩是89分，那么小红就不属于这个集合。一个给定集合中的元素是互不相同的，即集合中的元素不重复出现。例如，不能把集合 $A=\{2, 4, 6, 8\}$ 写成 $A=\{2, 4, 6, 8, 8\}$，认为集合 A 有5个元素也是不对的，实际上集合 A 只有4个元素。只要两个集合的元素完全相同，就说明这两个集合相等。如果集合 $B=\{x\,|\,x=2k,\ 0<k<5,\ 且\ k\in N\}$，那么 $A=B$。

《课程标准（2011年版）》指出："数学思想蕴含在数学知识形成发展和应用的过程中，是数学知识和方法在更高层次上的抽象与概括，如抽象、分类、归类、演绎、模型等。"其中最基本的数学思想是抽象、推理、模型，教师在义务教育阶段的教学中应结合具体的教学内容逐步渗透数学的基本思想。集合是近代数学中的一个重要概念，是指具有某种特定性质的事物的总体。集合思想是现代数学思想向小学数学渗透的重要标志，在解决某些数学问题时，若是合理运用集合思想，可以更简单明了地解决问题。

适合渗透集合思想的小学数学内容很多，比如自然数的认识，我们可以从集合元素个数的角度来理解，"同样多"的概念实际就是在两个对等集合的元素之间建立一一对应关系；数的运算也可以从集合的角度来理解，比如加法可以理解为两个交集为空集的集合的并集。此外，我们在小学数学学习中还常常通过集合图表示概念之间的关系，比如学习公因数、公倍数时，都是把各自因数和倍数分别用集合图表示，再用几个集合交集的方式直观地表示出公因数和公倍数的概念。

从以上的分析中可以看出集合思想已广泛渗透进小学教学中，那么我们在渗透中应该注意什么呢？

（1）应正确理解有关概念。集合思想包括概念、子集、交集、并集、差集、空集、一一对应、元素、基数等，对于这些概念，虽然不必让小学生全部掌握，但教师应该正确理解这些概念，这样才能避免在渗透时出现错误。

（2）正确把握集合思想渗透的尺度。集合思想虽然在小学教学中渗透得较为广泛，但集合知识并不是小学数学的学习内容，因此在教学时要把握渗透的尺度，尽量用通俗易懂的语言进行渗透。

（3）集合思想的渗透应贯穿于小学数学教学的始终。学生在一年级的学习（认数、分类、比较大小等）中已经初步接触了集合思想，而集合思想在高年级也会得到较多的应用，所以，教师要深研教材，挖掘可渗透的素材，根据学生的年龄及特点，坚持不懈地进行渗透。

二、集合思想在教学中的应用

小学数学教材中蕴含着大量的集合思想，集合思想渗透在数学教学的各个阶段，其表现形式也越来越丰富多彩。因此，教师在教学时不仅仅向学生传授知识，还要把蕴含在教材中的集合思想有意识地进行挖掘，并且向学生渗透。教师可以利用图形渗透集合的思想，如教师在教学求 8 和 12 的最大公因数时，可以制作带有图片的课件或幻灯片，让学生从图片中可以清楚直观地了解 8 的因数有 1、2、4、8，12 的因数有 1、2、3、4、6、12；而 8 和 12 的公因数是 1、2 和 4，最大公因数是 4。集合图的应用使公因数、最大公因数这两个抽象的概念变得具体直观，从而增强了学生的感知。集合思想的渗透不仅可加深学生对概念的理解，也可使学生的思维得到锻炼。

案例 2-4　　**在教学中建构数学思想**
　　　　　　——"集合"教学片段及反思

"集合"是现代数学的基本语言，可以简洁、准确地表达数学内容。学生从一年级学习数学时，就开始接触集合的思想与方法了，到了三年级，通过对文氏图的学习，可体会集合的概念及集合的运用（交集）。怎样让学生通过课堂学习，水到渠成地画出文氏图、理解重叠问题、充分体会集合思想是课堂的教学难点。在以往的课堂学习中，学生能够顺利地画出文氏图的概率很小，多数都是教师直接告诉学生文氏图模型从而认识文氏图的，学生并未真正地理解集合思想。著者常常思考：要经历怎样的建模过程，才能让学生通过文氏图来简洁、美观、准确地表示集合思想呢？所以，著者做了以下的教学尝试。

屏幕上出示：本班参加跳绳，踢毽比赛的学生情况，见表2-2。

表2-2　参赛人员统计

项　目	姓　名	姓　名	姓　名	姓　名	姓　名
跳　绳	赵　军	丁　旭	薛　玲	小　鸿	小　兵
踢　毽	小　明	小　兵	郑　希	丁　旭	

师：参加跳绳比赛的同学有几位？参加踢毽比赛的呢？

生：参加跳绳比赛的同学有五位，参加踢毽比赛的同学有四位。

师：跳绳和踢毽比赛都参加的同学有几位？

生：跳绳和踢毽比赛都参加的同学有两位。

（教师拿出两个呼啦圈）

师：同学们，我们做一个游戏，请参加跳绳比赛、踢毽比赛的同学分别站在这两个呼啦圈里。

（出示课件，如图2-4所示）

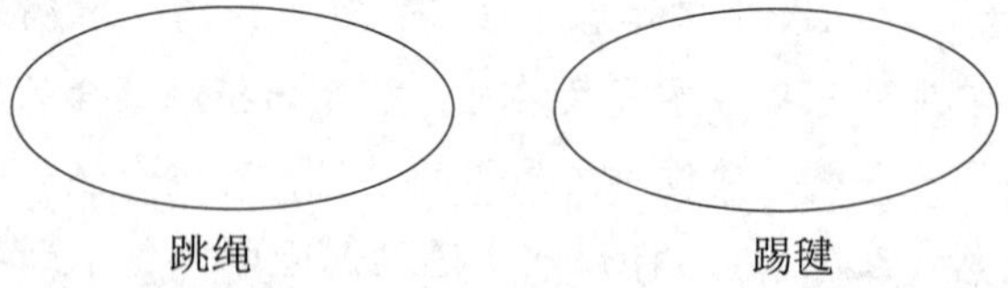

跳绳　　　　　　　　　　踢毽

图2-4

　　五位跳绳的学生很快地进入第一个呼啦圈，另外两位踢毽的同学也很快地进入第二个呼啦圈。教师跟着展示课件，第一个圆圈有五位同学的头像，第二个圆圈里有两位同学的头像。

　　师：踢毽比赛怎么只有两个同学呢？

　　（两项比赛都参加的同学又赶紧去了第二个呼啦圈。教师也在课件上把两个头像移到第二个圆圈里）

　　师：那跳绳比赛的同学怎么只剩下三位了？

　　（两项比赛都参加的丁旭和小兵想出去，又不敢出去）

　　师：当有同学既参加跳绳，又参加踢毽时该怎么站呢？

　　生：这两位同学两个呼啦圈都要站。

　　师：可两个呼啦圈分开着。

　　生：把两个呼啦圈靠近、交叉，丁旭和小兵要站在两个呼啦圈交叉部分。

　　（教师紧接着把课件中两个圈交叉，丁旭和小兵的头像移到两个圈的交叉部分）

　　师：看看是这样站吗？

　　生：是这样站的，这样参加跳绳的呼啦圈里有五位同学，参加踢毽的呼啦圈有四位同学，丁旭和小兵两个呼啦圈都站。

　　师：很好，那我们请这几位同学先回到座位。请大家看看屏幕。谁能说说，呼啦圈里各部分同学所表示的意思。

　　……

【评析】

　　在本环节中，教师巧妙地利用呼啦圈和文氏图的相似性，让两队学生站两个呼啦圈，从而引发两种比赛都参加的学生该怎么站的问题，使学生能充分思考：要想两个比赛都参加的两位学生能站到两个呼啦圈里，只能把呼啦圈重叠交叉，让这两位学生站在呼啦圈重叠交叉的地方，让学生能充分理解集合中交集的概念。

师：通过刚才的游戏，你们能不能设计一幅图，把同学的姓名写在合适的位置，让我们能一眼看出参加跳绳的同学、参加踢毽的同学和两个比赛都参加的同学分别是哪些同学呢？

（学生自主绘图，教师巡视、指导。学生经过交流，整理出简洁明了的直观图。教师随即用课件展示文氏图）

师：这个图表示什么？

生：这个图表示参加跳绳比赛和踢毽比赛的同学情况。

师：中间重叠的部分表示什么？

生：中间重叠的部分表示两项比赛都参加的同学，他们既参加跳绳比赛又参加踢毽比赛。

师：在跳绳这个圈里，没有重叠的部分表示什么？

生：表示只参加跳绳比赛的同学。

师：在踢毽的圈里，没有重叠的部分表示什么？

生：表示只参加踢毽比赛的同学。

师：那你们通过观察这个图，能不能很快地算出共有多少人参加了这两项比赛？请列式计算。

生1：3+2+2=7。

生2：3+4=7。

生3：5+4−2=7。

师：你喜欢哪种计算方法？

师：这个图真神奇啊，让我们看到了这么多的信息。我们把它和原来的表格相比，更有哪些优点。

生1：从这个图中能一眼看出哪些同学参加了跳绳比赛，哪些同学参加了踢毽比赛。

生2：从这个图中还能一眼看出哪些同学两个比赛都参加了。

生3：从这个图中能一眼看出哪些同学只参加了一项比赛。

（教师介绍文氏图的发明者——科学家韦恩）

【评析】

小学三年级学生的思维正处于由形象思维向抽象逻辑思维过渡的转折期。在本案例中，教师利用呼啦圈和椭圆的相似性，为学生绘制文氏图做了很好的铺垫。所以学生从呼啦圈抽象出文氏图，显然是水到渠成的事。教师让同学们把参加比赛学生的名字写在集合图中适当的位置，巩固了学生对集合图的认识和感知，并进一步理解集合图各部分代表的意思，体会集合的思想。通过填写集合图，为接下来借助几何图解决实际问题打下了基础。

（展示课件）

教师的笔盒里有4种文具，小东的笔盒里也有4种文具。

（1）请同学们猜猜老师的笔盒和小东的笔盒里一共可能有几种文具。

（2）用实物验证自己的猜想是否正确。

【评析】

这个环节是本课教学中的又一个亮点，通过教师与小东笔盒里的文具种类数量的对比，提高了学生的学习兴趣。再通过看、摆等一系列的活动，调动了多种感官参与学习活动。既能让学生再一次感知重叠问题在生活中的现象，也可对学生渗透可能性的思想。

回顾以上的教学片段，著者之前思考的问题得到了突破，是怎样做到呢？

1. 借"型"，渗透数学思想

在这节课中，著者遵循小学生的认知特点，恰当地利用存在于现实的"模型"，即借助呼啦圈的圆形和文氏图中椭圆的相似性，精心设计了有趣的站呼啦圈游戏。游戏中利用"两个活动都有参加的同学该怎么站"这个有趣的矛盾，使课堂氛围达到了高潮，也使学生对重叠部分有了充分的理解，为学生建立起集合思想的视觉表象。接着，教师把站呼啦圈活动提炼成课件，直观体现出两个圆圈及几个学生的头像的图像。在这个过程中，学生不仅经历了从实物到图像的抽象过程，同时积累并丰富了集合思想的活动经验。

2. 成"型"，强化数学思想

集合思想的重要表现形式是文氏图。教师在这节课中没有直接进行教学，而是采用主动探究的授课形式。当学生经历从直观"模型"（站呼啦圈的游戏）到屏幕上出现几位参赛学生头像和两个交叉的圆圈后，教师再问出一句话：能不能设计一幅图，把学生的姓名写在合适的位置，让我们能一眼看出参加跳绳的同学、参加踢毽的同学和两个活动都参加的同学分别是哪些同学呢？这时，学生就能借助已有的图像所产生的视觉表象，水到渠成地建立集合图的模型。

接着，让学生用准确的语言表述图中的各种信息，充分发挥集合图的作用，同时加强学生对文字的理解。通过画一画、说一说、想一想等多种方式，让学生在头脑中建立文氏图的表象，从而真正达到图形、问题、算式的有效结合，理解集合图的各部分意义并能用数学语言进行描述，这样才能把知识的本质深刻地揭示出来。通过层层递进的教学活动，培养了学生的抽象思维和概括能力，强化了数学思想。

3. 用"型"，提升数学思想

数学思想的提升，需要教师在课堂教学中有意渗透，还需要学生的自我思考和领悟。教师应有目标、有层次地安排好每个教学活动，通过教学活动提升学生的数学思想。

当利用呼啦圈建模后，需灵活运用所建立的"模型"，使学生掌握解决集合中重叠问题的一些基本策略，体验解决问题策略的多样性。"你喜欢哪种计算方法"旨在引导学生对解决策略进行优化。小学生的认知水平相对较弱，他们关心的往往是问题的答案，很少会关注自己所用的策略。本节课中，教师在学生经过一番自主探究之后，引导他们对不同方法进行比较，实现了由只关注结果向关注解题策略的转化。

让学生猜两个文具盒共有几种文具，是教师再一次利用集合的思想来解决实际的问题，激发了学生的学习兴趣，拓展了学生的思维。

案例2-5 **关注教学过程提升思维能力**
——"重叠问题"教学案例与评析

教材通过统计表的方式列出三年级一班参加踢毽和跳绳比赛的学生名单（表2-3），求参加这两项比赛的学生共有多少人。但总人数并不是这两个小组的人数之和，从而引发学生的认知冲突。这时，教材利用直观图（即文氏图）把参加踢毽和跳绳学生直观地表示出来，从而帮助学生找到解决问题的办法。教材只是通过生活中容易理解的题材让学生初步体会集合思想，为后继学习打下必要的基础，学生只要能够用自己的方法解决问题就可以了。因此，教师可以依据教材内容，对内容进行了重组，创设以学生熟悉的"元旦"歌舞比赛的情境进行导入，让学生自己去发现重复的现象，充分调动了学生已有经验，引起认知冲突。然后引导学生通过独立思考、自主探究、合作交流的方式去解决问题，化解冲突，让每位学生学会如何应用知识解决日常生活中的实际问题。

表2-3　三年级一班参加"元旦"歌舞比赛的名单

项　目	姓　名	姓　名	姓　名	姓　名	姓　名
跳　绳	杨　明	陈　东	刘　红	李　芳	王爱华
	马　超	丁　旭	赵　军	徐　强	
踢　毽	刘　红	于　丽	周　晓	杨　明	朱小东
	李　芳	陶　伟	卢　强		

　　集合思想是数学中最基本的思想，集合理论可以说是数学的基础。学生学习过的分类思想和方法实际上就是集合理论的基础，但这些都只是单独的集合图，而本节课所要用到的含有重叠部分的集合图，学生并没有接触过。因此，著者把知识的原点定位于两个独立的集合圈，从两个并列的集合圈引发学生的探究，更符合学生的特点。

1. 创设情境，引出新知

（1）出示信息，设疑引入。

　　师：告诉大家一个好消息，我们学校将在元旦节举办歌舞比赛，林老师为三年级一班推荐了几位同学参加比赛？

　　（出示：唱歌3人，跳舞5人）

　　师：林老师一共推荐了几人参加？你是怎么想的？

　　生：8人，因为3+5=8（人）。

师：还有不同想法吗？

师：你们同意这种做法吗？

生：同意。

师：稍顿，真同意？

生：同意。

师：大家都同意一共推荐8人参加。

（2）出示名单，引出重复。

（出示三年级一班参加"元旦"歌舞比赛的学生名单，见表2-4）

表2-4　三年级一班参加"元旦"歌舞比赛的学生名单

项　目	姓　名	姓　名	姓　名	姓　名	姓　名
唱　歌	李　芬	林　敏	刘　红		
跳　舞	林秀丽	陈丽芳	张　伟	刘　红	林晓虹

师：好，大家仔细观察这份名单，你有什么发现？

师：你们觉得刚才的答案怎么样？

生：错了。

师：怎么会错了呢？说一说为什么？

生：刘红参加了两项活动，刘红重复了。

师："这里的"重复"是什么意思？

生1：刘红同学参加了两项比赛。

生2：刘红同学既参加了唱歌比赛又参加了跳舞比赛。

师：是的，刘红既参加了唱歌，又参加了跳舞。

师板书：既……又……

师：由于有重复的同学，还能用3+5进行计算吗？

生：不行，那样的话刘红就算了2次了。

师：那该怎样列式计算呢?

生：3+5-1=7（人）

师：这里为什么要减1?

生：因为刘红重复了，所以要减1。

（3）揭示课题。

师：生活中像这样有重复现象的问题，在数学上我们把它称为重叠问题。

（板书课题：重叠问题）

【评析】

教师利用"元旦"歌舞比赛这一学生熟悉的情境，更能激发学生的学习兴趣。"真是这样吗?"随着教师轻轻的一句反问，加上"学生名单"的适时呈现，学生的头脑里"跃"出一个大大的问号——过去求总数就是直接把各部分的数量加起来的，怎么在这里就行不通了，出现了新情况，遇到了新的问题。这样，研究"重叠问题"变成了学生的学习需求，也激发了学生探究的欲望。

2.自主探究，学习新知

（1）独立思考，尝试解决。

师：你们能不能借助图、表或者其他方式，直观、清楚地表示出它们之间的关系呢?（放手让学生独立探究，小组合作）

（2）汇报交流，初步感知集合概念。

①小组交流，互相介绍自己的作品。

②选择有代表性的作品全班交流。

教师在交流时追问："如何表示出两项比赛都参加的学生?"

（3）对比分析，介绍文氏图。

师：大家画出了这么多种图示来表示，你们更喜欢哪一种?

（介绍文氏图表示集合）

师：用一个圈来表示参加唱歌比赛的 3 人，再用一个圈来表示参加跳舞比赛的 5 人，那么，怎样表示重叠部分的同学呢？

生：把两个圈移一移。

师：中间重叠部分表示什么？

生：既参加唱歌又参加跳舞比赛的学生（刘红同学）。

师：那左月牙这部分表示什么？右月牙这部分又表示什么？

师：好的，我们只用了简单的两个圈，就清楚地表示出这么多的信息，文氏图好不好？

师：原来，发明创造就是这么简单！只要善于学习，勤于动脑，我们每个人都可以有自己的创造！

师：对于文氏图各部分表示的意思，大家都明白了吗？同桌的两人互相说一说。

（4）列式解答，加深对集合运算的认识。

师：现在，你们能不能根据文氏图，列算式来求出"一共有多少人参加才艺比赛？"

生 1：3−1+5=7（人）。

师：说一说你是怎么想的？

生 1：我将唱歌的人数减去刘红，再加上跳舞的 5 人，就一共有 7 人。

师：还有不一样的方法吗？

生 2：2+4+1=7（人）

师：你是怎么想的呢？

生 2：我是将单独参加唱歌与跳舞的同学加起来，再加上既参加唱歌又参加跳舞比赛的同学，一共也是 7 人。

生 3：3+5−1=7（人）

师：你又是怎么想的呢？

生 3：我是将参加唱歌与跳舞比赛的同学加起来，再减去重复的 1 人，一共也是 7 人。

【评析】

教师在教学中，先放手让学生动手画图，再进行交流互动，介绍自己创作的意图，同时，教师再适时进行引导，只用了简单的两个圈，就清楚地表示出这么多的信息。最后，让学生独立尝试、列式计算、进行交流，在碰撞中激活思维，产生多种解题方法，并在比较分析中引出集合图，呈现了"交集"的意义，从而让学生经历集合图产生的整个过程，理解集合图各部分所表示的意义，渗透了集合思想。

3.联系生活，巩固新知

师：刚才我们想出很多办法来解决重叠问题，其实，重叠问题在生活中很常见，应用也非常广泛，让咱们一起来看一看吧。

（展示课件）

（1）完成数学书第105页"做一做"第一题。

先让学生独立尝试，再小组交流。

（2）三年级二班一共推荐了几人参加？

师：刚才大家解决了生活中的问题，现在再来帮老师解决三年级二班参加比赛的问题，请看大屏幕。

（展示：唱歌3人，跳舞5人）

师：三年级二班，老师推荐的人数可能是几个？

生：不确定，因为可能有重复。

师：可能重复几个？

师：请大家用文氏图和算式表示出来，看谁的想法多。

（汇报时让学生说想法、质疑，完善板书）

师：可能重复几个人？如果老师想让8人都参加比赛，中间有重叠吗？

生：没有（重复0人）。

师：怎么列式？

生：3+5=8（人）

师：如果中间重复1人，那么有几人参加比赛？7人怎么列式？

如果老师想让6人参加，中间重复有几人？2人怎么列式？

如果老师想让5人参加，中间重复有几人？3人怎么列式？

师：中间重复的有可能是5人吗？为什么？

（呈现集合另外两种关系：并列关系、包含关系）

【评析】

练习让学生形成解题的基本思路。练习时，教师能够大胆放手，让学生经历独立思考、自主尝试，交流互动的过程，对刚刚学习的"重叠"概念进行强化与运用，训练学生解决问题策略的多样性，也进一步让学生感受集合思想。

4. 课内总结，梳理新知

师：说一说今天你有什么收获？

学生开始踊跃发言。

［总评］

"重叠问题"是小学数学教学中的一个难点。为了避免学生在理解时受阻，教师通过创设学生喜闻乐见的"元旦"歌舞比赛这一活动情境，让学生通过观察、比较、思考与交流等活动寻找解决问题的方法，并在解决问题中初步体会数学思想与方法的价值，了解生活中的重叠现象，初步感受集合思想。

（1）以"解决问题"为教学主线。课程伊始，呈现三年级一班参赛名单，引发学生认知冲突，激发学生学习兴趣，也让学生感受到重复的现象。课中，教师能够大胆放手让学生自己去探究、去尝试、去交流、去建构，寻找解决问题的办法；课后练习时，请同学们帮老师解决"三年级二班参加唱歌比赛的3人，跳舞比赛的5人，可能推荐了几位同学参加比赛"等问题，由于问题是开放式的，引发学生积极思考，激发学生探究问题与解决问题的热情。

（2）以"数学化"活动为组织方式。教学中，教师让学生通过独立思考、自主探究、尝试画图等活动，引起学生认知冲突，促使学生去探索、去分析、去交流。在这一过程，学生自然而然地建立起重叠的概念，认识形象直观文氏图，建构起文氏图的模型，感受集合思想。

（3）以"思维训练"为教学目标。教学时，教师让学生经历画图分析、思考探究、讨论交流的过程，让学生感受与理解"重叠"的概念，并在借助集合图来表示其中的关系的基础上，进一步提高训练层次，直接列式计算；引导学生对"三年级二班推荐几位同学参加比赛"进行猜测、评价与互动，培养学生的思维能力与解决问题的能力。

第五节　对应思想

一、认识对应思想

对应思想是指人们对两类事物（集合）之间建立起某种联系的一种思想，从而揭示事物之间的联系。小学数学一般是一一对应的直观图表，如直线上的点（数轴）与表示具体的数是一一对应的。一一对应是指在这两个集合中存在的一个对一个且相呼应的状态，关键在于找到可以对应的联结点，就能找到解决问题的途径。如何找到恰当的联结点，也正是一一对应思想与方法的精髓所在。对应思想是应用最普遍的数学思想之一，它能将抽象、复杂的数学知识形象化、直观化、简单化，它对于抽象逻辑思维能力还不强的小学生来说尤其重要。

对应思想是代数和几何之间建立联系的思维方法。教师要在比较宽的视野下看待小学数学教学，不但要在数与数、数与形、形与形、量与量等变化规律中考虑显性的知识，更要充分挖掘其中的对应关系。

许多具体的数学思想源自对应思想，如数形结合思想、函数思想、变换思想等。对应思想是数学解题的一种基本思路，它是两类事物的集合最终建立起某种联系的思维方法，通过这种思维方法搭建了解题的思维桥梁，所以人们经常用对应思想来分析、解决一些实际问题。教师在教学中要帮助学生通过思考与探索发现这些事物间的对应关系，并且能运用这些对应关系解决基本的数学问题。

二、对应思想在教学中的应用

小学数学教材中蕴含着大量的对应思想，教师要正确理解蕴藏在教材中的对应思想，为学生提供丰富的数学活动。从简单的一一对应关系开始，让对应思想渗透到学生的学习中去，为发展学生的数学思维能力做好铺垫。例如，《数学》一年级"1～5的认识"一课通过直观图、数字、小棒（图2-5），向学生渗透一一对应的思想，让学生初步经历由抽象到数字的过程。

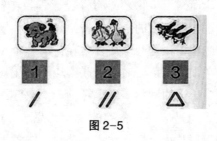

图 2-5

在教学"用分数知识解决问题"时，抓准分率与具体量的对应关系是解题的关键。用分数知识解决问题的数量关系比较抽象，必须充分利用线段图作为解题工具。通过线段图的帮助，明确谁是单位"1"，谁是对应分率，从而帮助学生厘清思路，找到解题线索，有利于培养学生解决问题的能力。

案例 2-6　　**对应思想在教学中的渗透**

　　《课程标准（2011 年版）》在基本理念中提到："课程内容要反映社会的需要、数学的特点，要符合学生的认知规律。它不仅包括数学的结果，也包括数学结果的形成过程和蕴含的数学思想与方法。"而对应思想是一种重要的数学思想，在数学中广泛运用，即在数的认识、数的运算、解决问题、认识图形等方面都渗透了对应思想。那么，如何在数学教学中的渗透对应思想呢？这是值得教师不断探究与思考的问题。

1. 在数的认识中渗透对应思想

　　数是数学的根基，数的认识是学生数感培养的关键，而数又是一个抽象的、需要大量经验的知识。因此，在数的认识中，每一个阶段的学习都渗透了大量的对应思想。例如，教师在教学"分数的初步认识"一课时，让学生经历涂一涂、折一折、比一比等活动，通过形与数的对应，能更形象直观地认识分数，达到由形思数、由数思形的目的，熟练地掌握数与形之间的对应和转化。教学中，教师通常以学生熟悉的生活情境导入：把一块月饼平均分成 2 份，每份是这块月饼的一半，也就是它的二分之一。学生初次接触分数，不论是数的形式或是每个数所代表的意义，对于他们来说都是陌生的。通过数形结合，把抽象、陌生的数与熟悉的生活中的量一一对应，可以把抽象的数变得更加形象直观，也更有利于学生理解其意义。接着,教师出示一个圆,问:把一个圆平均分成3份,每份是它的几分之几?从实物月饼过渡到圆,这也是一个重要的跨越,使学生明白不论是物体还是图形,只要满足"平均分",就会有相应的分数与之对应。因此,学生通过图形就能很快地确定其所表示的分数,这也就是所谓的以形助数。为使学生进一步认识分数,同样需要他们理解由数思形。"把一张长方形纸平均分成5份,指出它的五分之一,并涂上颜色。"这个环节在学生初步认识分数并能由图形想到对应的分数之后出现,能够培养学生的逆向思维,达到由数思形的目的。整数之间存在大小关系,分数之间是不是也存在这样的关系呢?例如,比较 $\frac{1}{2}$ 和 $\frac{1}{4}$ 的大小,如果只是简单地给出这两个分数,学生肯定是一头雾水,那么究竟谁大谁小呢?教材借助形来帮助学生理解,$\frac{1}{2}$ 对应的是把一块月饼平均分成两份,其中的一份是它的 $\frac{1}{2}$,而 $\frac{1}{4}$ 对应的是把同样大小的月饼平均分成四份,其中的一份是它的 $\frac{1}{4}$。此时,学生结合生活经验,可以很直观、快速地判断出:$\frac{1}{2} > \frac{1}{4}$。

教师在教学中应有意识地渗透对应思想,在数形结合中体现一一对应,给学生一个循序渐进的过程,让他们能够理解数学的本质,并最终能够灵活运用所学知识。

2. 在数的运算中渗透对应思想

数的运算在人们日常生活以及工作中被广泛应用,对培养学生的思维能力起着重要的作用。教师在教学"分数的简单计算"

一课时，部分学生受已有的知识、经验影响，会错误地认为分数加法应该是分母与分母的和作为最终的分母，分子与分子的和作为最终的分子。此时，教师借助图形帮助学生正确理解算式就变得尤为重要。"一个西瓜，哥哥吃了 $\frac{2}{6}$，弟弟吃了 $\frac{1}{6}$。兄弟俩一共吃了西瓜的几分之几？"要解决这个问题，学生可以很快列出加法算式：$\frac{2}{6} + \frac{1}{6} = (\quad)$。那么，算式的结果究竟是多少呢？教师可借助图形帮助学生理解，把 1 个圆平均分成 6 份，其中的 2 份，对应着分数 $\frac{2}{6}$；其中的 1 份，对应着分数 $\frac{1}{6}$，其中的 2 份加上 1 份，一共是 3 份，对应着分数 $\frac{3}{6}$。在学生无法得出正

确答案时，可由具体的图形想到对应的分数，利用数形结合中的对应思想帮助自己运算、理解算理。同样，教师在教学同分母分数减法的计算时，也可以利用图形，以图形为依托，以形助数，让学生在观察、比较中总结经验，得到同分母分数减法的计算方法，理解它的算理。因此，通过数与形的一一对应，让学生以形助数，从而理解算理，真正掌握运算方法，提高教学效率。

3. 在解决问题中渗透对应思想

教师在向学生渗透对应思想的同时，还应逐步培养学生的对应意识，使学生能通过对应思想与方法解决实际问题，逐步培养学生的数学思维，提高解决问题的能力。在六年级数学"用分数解决问题"一课中，对应思想尤其重要。对于这部分问题，抓准分率与数量的对应关系是解答这类题的关键。用分数解决问题的数量关系比较抽象，往往要借助线段图的帮助来分析题中的数量

关系。教师可借助线段图，使学生明确谁是单位"1"，谁是对应分率，它可以帮助学生在复杂的条件和问题中厘清思路，找到解题线索，有利于发展学生的逻辑思维能力。

例如，一段公路已修了它的 $\frac{3}{4}$，还剩下 6 千米，问修了多少千米（图 2-6）？一般的解题思路是，应先分析单位"1"的量是这段公路的长度，然后找到剩下的 6 千米和其所对应的分率 $\frac{1}{4}$，再求出这段公路的长度，最后就能算出修了多少千米了，综合算式为：$6÷（1-\frac{3}{4}）-6$。若将剩下的 6 千米看为"1"，那么，已修的（所对应）就是剩下的 3 倍，可列式为：$6×3=（\quad）$ 千米。

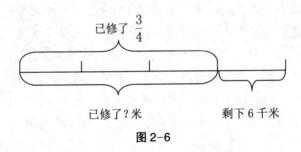

图 2-6

只有让学生从小接触到数学的对应思想，才能在以后的数学学习和应用中，熟练应用对应思想，提高分析、解答问题的能力。

4. 在认识图形中渗透对应思想

图形与测量在小学数学中主要分为以下几个学习板块：长度的测量、周长的计算、面积的计算以及体积的计算。例如，在教学"长方形和正方形"周长的练习，判断每组图形（图2-7）的周长是否一样时，由于题目中并没有把每条线段的长度标出来，直接计算出每个图形的周长是不可行的。因此，我们可利用平移法，把不规则图形的边进行平移，使其转化成和第一个图形一样的长方形或正方形。变换后的图形与规则图形相比，如果每条边都能找到与之相对应的那条边，那么就说明这两个图形的周长相等，反之则不相等。变换是图形与测量板块中经常用到的学习方法。我们可利用对应思想把不规则或难以直接测量的图形进行转换，从而达到解决问题的目的。

下面每组图形的周长一样吗？你是怎样想的？

（1）　　　　　　　　　（2）

图2-7

例如，在教学一年级"认识图形（一）"一课时，练习八第一题要求学生把形状是长方体、正方体、圆柱体和球体的物体用线分别与长方体、正方体、圆柱体和球体的立体图形连起来。这里要求学生把实物和它所对应的几何图形用线连起来，目的是帮助学生辨认所学的几何形体。又例如，在教学三角形与平行四边形的图形面积计算时，也是强调对应关系，即底要乘以所对应的高。在小学数学中，对应的关系随处可见，教师在教学中要有计划、有目的地渗透对应思想。比如数与形、量与量、量与率、数量的变化规律等，都要寻找它们的对应关系。尤其学生在一、二年级刚认识数和学习数的运算时，更是离不开对应思想的应用。因此，教师在教学中不仅要让学生掌握知识，而且还要让学生在学习知识的过程中，充分感悟到数学知识背后所蕴含的对应思想，并能熟练运用对应思想去分析问题与解决问题，从而提高学生的学习能力。

第六节　数形结合思想

数和形是数学研究的两个主要对象，数离不开形，形离不开数。一方面，抽象的数学概念、复杂的数量关系，可以借助图形使之直观化、形象化、简单化；另一方面，复杂的形体可以用简单的数量关系表示，在实际问题中，可以借助线段图来帮助我们分析数量关系。

一、数形结合思想的意义

数形结合思想就是通过数和形之间的对应关系和相互转化来解决问题的思想与方法。数形结合思想的核心应是代数与几何的对立统一和完美结合，这就要求教师明确应在什么情况下用代数方法解决几何问题，在什么情况下运用几何方法解决代数问题，从而使"数"与"形"各展其长，使逻辑思维与形象思维完美地统一起来。数形结合思想可以使抽象的数学问题直观化、使繁难的数学问题简捷化，使原本一些需要通过抽象思维解决的问题，借助形象思维就能够解决，有利于抽象思维和形象思维的协调发展，优化解决问题的方法。

二、对数形结合思想的认识

数学是研究现实世界的数量关系与空间形式的科学，数和形之间是既对立又统一的关系，在一定的条件下可以相互转化。这里的数是指数、代数、方程、函数、数量关系式等，这里的形主要是指几何图形和函数图像等。在数学的发展史上，直角坐标系的出现给几何的研究带来了新的"生命"，直角坐标系与几何图形相结合，也就是把几何图形放在坐标平面上，使几何图形上的每个点都可以用直角坐标系里的坐标（有序实数对）来表示，这样可以用代数的量化运算的方法来研究几何图形的性质，堪称数形结合的完美体现。

数形结合思想与几何直观既有联系又有区别，数形结合包含两个方面：以形助数和以数解形。而几何直观是指利用图形描述和分析问题，这里的问题不仅包括几何以外的问题，也包括几何问题本身，如利用图形的运动去认识几何图形也是几何直观。

数学家华罗庚曾说过："数缺形时少直观，形少数时难入微。"[1] 这句话深刻地揭示了数形之间的辩证关系以及数形结合的重要性。众所周知，小学生的逻辑思维能力还比较弱，在学习数学时正确理解数学的抽象性是非常重要的；教材的编排和课堂教学都在千方百计地将抽象的数学问题转化成学生易于理解的方式，借助数形结合思想中的图形直观手段，可以提供非常好的教学方法和解决方案。

---

[1] 冯回祥.思维方法与数学教学——思维方法在小学数学教学中的应用 [M].武汉：华中科技大学出版社，2018:156.

三、数形结合思想的应用

数形结合思想是指将数与式的代数信息和点、线等的几何信息互相转换，把数量关系的精确深刻与几何图形的形象直观有机地结合起来，用代数方法去解决几何问题或用几何方法去解决代数问题，从而将已知条件和解题目标联系起来，使问题得到解决。在数的认识、计算到解决比较复杂的实际问题时，经常要借助图形来理解和分析，也就是说，在小学数学中，数离不开形。另外，几何知识的学习，很多时候只凭直接观察是找不出什么规律和特点的，这时就需要用数来表示（如一个角是否是直角，两条边是否相等，周长和面积是多少）。换句话说，就是形也离不开数。

四、数形结合在教学中的作用

数形结合就是通过框图、图景、图表、图像等形式与数的知识相结合解决数学问题的一种方法，其实质是将抽象的数学语言与直观的图形结合起来，让某些抽象的数学问题直观化、生动化、简单化。因此，在数学教学中，数形结合是一种很好的数学教学方法。下面就数学教学中如何"以形助数"，谈谈著者几点感悟。

（一）数形结合，使抽象概念变得更加具体

对低年级的学生而言，许多数学概念比较抽象、很难理解，特别需要直观的视觉效应，因此，我们可以运用数形结合的思想进行教学，通过对图形的分析，帮助学生更加准确地理解数学概念。

例如，教师在教学"乘法的初步认识"一课时，学生对于乘法算式中两个乘数是怎么来的，往往不是特别清楚。如何让学生深刻了解乘法算式的由来和它表示的意义呢？教师可以设计以下环节：

我们可以通过一个有趣的游乐园情境图（图2-8）激发孩子们的学习兴趣。让学生认真观察每一种游乐项目（如小飞机），再动手数一数，有5架飞机，最后数一数、圈一圈每架飞机里有几个小朋友。学生通过认真地观察情境图，在大脑里建构图形的同时也会初步建立两个乘数的概念。利用已学的加法算式求出一共有3+3+3+3+3=15人。观察算式发现了什么？加数都是3，有几个呢？见表2-5。

图2-8

表 2-5

小飞机	3+3+3+3+3=15	5 个 3
摩天轮	6+6+6+6=24	4 个 6
过山车	2+2+2+2+2+2+2=14	7 个 2

　　然后通过观察表格，你发现了什么？这些加法算式的加数都是相同的。这时，我们就可以自然地引入乘法。像这样加数相同的加法算式我们还可以写成乘法，见表 2-6。

表 2-6

3+3+3+3+3=15	5 个 3	3×5=15
6+6+6+6=24	4 个 6	6×4=24
2+2+2+2+2+2+2=14	7 个 2	2×7=14

　　接着对加法和乘法算式进行观察，你又有什么发现呢？乘法算式中的一个乘数是加法算式中的加数，另一个是它的个数。通过情境图和表格，学生对于乘法的概念理解就更加透彻了。

　　又例如，教师在教学二年级"认识倍数"一课时，可以创设动物园的情景：动物园里有 6 只小鸭子、3 只小猴子，小鸭子的只数是小猴子的几倍？让学生尝试用自己喜欢的图形画一画、圈一圈，来表示 6 是 3 的几倍。然后再指名汇报，可能出现如图 2-9 所示的情况。

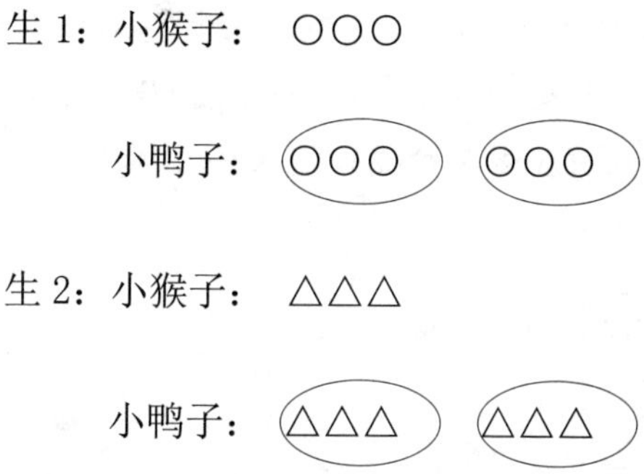

生1：小猴子：○○○

　　　小鸭子：（○○○）（○○○）

生2：小猴子：△△△

　　　小鸭子：（△△△）（△△△）

图 2-9

借助图形，我们可以直观地看出 6 里面有 2 个 3，也就是说 6 是 3 的 2 倍。这样，为抽象的倍的概念建立了具体形象的表象，学生理解起来就容易多了。因此，从上述的教学过程中我们不难发现："数"的思考、"形"的创设，既激发了学生的学习兴趣，又能有效地提高学生的数学思维能力。

（二）数形结合，使计算算理变得更加明白

计算教学在小学各个阶段都占有较大的比例。教学中，我们常常会发现这样一种现象，学生会计算，但是说不出为什么这样算。再遇到类似的题目还是不懂。说明理解算理在计算中是非常重要的，不明白算理就不能更好地掌握计算方法。所以，在计算教学时，教师要借助数形结合思想，把抽象化的计算内容形象化、直观化，让数字与计算符号之间组合成一个有趣的游戏，让学生通过形象化、直观化的图形来理解算理。在教学"9 加几（凑十法）"一课时，我们发现学生都有一套属于自己的计算方法，如何让学生接受新的好方法呢？这就需要教师进行适当的引导。

首先，让学生练习 10 加几等于多少，学生能够很快说出得数。学生在获得成就感的同时，心中也会发出这样的感慨：如果

每个算式都是 10 加几那该多好呀！教师应迫使他们去思考、去创造。其次，情景创设（图 2-10）：左边格子里有 9 个●，右边有 4 个●，一共有多少个●呢？那么 9+4 等于多少呢？你有什么好方法算得又对又快呢？

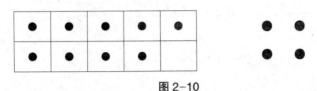

图 2-10

通过刚才的 10 加几，这时孩子们自然就会想到将格子外面的 4 个●放进格子里，通过学生自主探究，体验出"凑十法"。教师把算理形象化，让学生看到算式就联想到图形，看到图形能联想到算式，让计算教学变得有意义、不再枯燥。

（三）数形结合，使数量关系清晰易懂

基本的数量关系是小学阶段重要的数学模型之一，学生如果熟练掌握了基本数量关系，就能分析问题中信息之间的关系，从而找到正确的解题方法。但在平时的教学中，教师常常发现部分学生在读完题目之后，马上开始列式计算，遇到问题情境比较复杂时就显得无从下手。实际上，许多学生在从"生活情境"直接抽象到"数学问题"时，缺少一个数学化思考过程，而这个过程就是对数量关系的分析。因此，教师应给学生进行相应的指导，借助数形结合，通过线段图、示意图等，帮助学生理解文字所表示的意义，抽取出有关的数量，明确它们之间的相对关系。

[教学片段]　用分数乘除法解决问题

【例题】某市要修一段高速公路，第一天修了它的 $\frac{3}{5}$ ，还剩 4.8 千米没修，请问这段高速公路有多长？

师：题目中把什么当成单位"1"？

生：单位"1"是这段高速公路的长度。可以画一条线段表示这段高速公路的长度，即单位"1"。

师：修了的高速公路怎么表示？没修的高速公路又怎么表示呢？

生：可以把这条线段平均分成 5 份，其中 3 份就是第一天修了的高速公路，剩下的 2 份就是还没修的 3.6 千米的高速公路。

教师根据学生表达画线段图（图 2-11），并引导学生分析例题中的数量关系，列出算式。

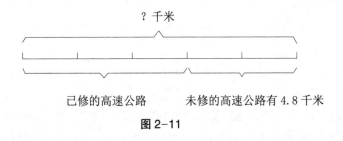

图 2-11

方法一：用归一法。得：4.8÷（5-3）×5=12（千米）。

方法二：用分数除法知识。得：4.8÷（1-$\frac{3}{5}$）=12（千米）。

方法三：用方程知识。解：设这条高速公路长 x 千米。得：$\left(1-\dfrac{3}{5}\right)x=4.8$。

通过分数除法解决问题的关键是如何根据题意寻找等量关系，往往要根据题意画出相应的线段图。学生可以借助线段图，以形助数、数形结合，既可以将学生对题意的理解加以外显，又能使思路更为开阔，解法更为丰富。

（四）数形结合，使解决问题变得更加容易

学生在解决问题时需要对题中的等量关系进行梳理，明确已知的信息和未知的信息之间存在的关系。对于低年级的学生来说，有些题目中有很长的文字描述，导致他们阅读困难，一些逻辑关系就不那么清楚。所以培养学生运用数形结合的方法去解决问题是非常有效的。将题中的数量关系用图表示出来，数量之间的等量关系就变得更加直观，从而使问题简单化，起到化难为易的效果。

例如，二年级的学生学习了"表内乘法"后，教师设计这样一道题目：一列火车要经过一个长 40 米的山洞，每节车厢长 6 米，火车头长 8 米，有 5 节车厢，当火车尾刚进入山洞时，火车头驶出山洞了吗？

许多学生看到这样的题目时，往往束手无策，不知如何入手。有些学生并未认真地分析思考，就列出了 6×8+5=53，或者 6+8×5=46，或者 40-6-8-5=21 的式子。火车头出山洞了没有？其实就是将火车的长度和山洞的长度进行对比。如果能将文字信息一条一条转化成图形表示出来，既能让学生集中注意力，又能够理解每条信息和信息之间的关系。图形（图2-12）有助于学生对问题进行分析、思考，就能又快又准地得到解题思路，列出

正确的算式。

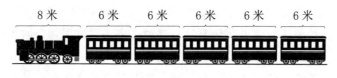

图 2-12

　　总之，教师在教学中要有意识地加强数形之间的联系，引导学生从形的方面进行思考，然后逐步过渡到数的方面进行思考。这样，不仅可以帮助学生理解算理、分析数量关系，同时促进了学生形象思维和逻辑思维的协调发展。可见，数形结合既不能脱离形来谈数，又不能丢开数来谈形。

案例 2-7　　数形结合思想在教学中的渗透

　　数形结合思想在小学数学"数与代数""图形与几何""统计与概率""综合与实践"四大领域知识的学习中都有非常普遍和广泛的应用，在数学中的应用大致分为两种情形：一是借助于数的精确性、程序性和可操作性来阐明形的某些属性，可称为"以数解形"；二是借助形的几何直观性来阐明某些概念及数之间的关系，可称为"以形助数"。

1. 在认识数的概念中渗透数形结合思想

　　小学生通常对抽象的数的概念难以理解，而认识数的教学又以理解数的意义为重点。因此，教师在教学中往往借助简单的图形或示意图帮助学生在直观中理解抽象的数和建立起数的概念。特别是低年级的学生在认数时，教师更要借助数形结合的方式来帮助他们理解数的意义。

教师在教学"认识分数"时，可以创设学生参加学校田径运动会的情境："一位教师把准备好的 4 个苹果、2 瓶矿泉水、1 块蛋糕分给两位参赛运动员，怎么分呢？"首先把 4 个苹果与 2 瓶矿泉水平均分给 2 位参赛运动员，平均每人分到多少？这里引出了"平均分"这个概念。其次把 1 块蛋糕平均分给 2 位运动员，又该怎么分呢？自然引出"一人一半"的概念。最后利用电脑显示平均分一块蛋糕的画面，教师问："把一块蛋糕平均分成 2 份，每人应分到多少呢？"让学生先猜一猜，再用电脑显示 $\frac{1}{2}$。在这一环节中充分直观地把数形结合在一起，为学生架起了认知的桥梁，顺利地从"整数"过渡到"分数"。

教师在教学"真分数和假分数"一课时，课后的"做一做"要求：把下面的分数用直线上的点表示出来。数轴的建立使人们对"形"与"数"的统一有了初步的认识，把实数与数轴上的点一一对应起来，数可以视为点，点可以视为数，点在直线上的位置关系可以数量化，利用数轴可以比较两个数的大小。

教师在教学"数对位置"一课时，将"座位"平面图抽象为比较形象的"直角坐标系"，建立"数对"与平面上"点"之间的一一对应关系，是学生进一步理解数形结合思想的又一载体。在这一过程中，能让学生初步体验到有了坐标系后整个平面就"结构化"了，可以用一对有顺序的"数"来唯一地确定平面上的一个"点"，充分体现了数与形的再一次结合。

2.在运算教学中渗透数形结合思想

《课程标准（2011年版）》指出："在数及其运算的教学中应减少单纯的技能训练，避免繁杂计算和程式化地叙述算理。"小学数学教材在编排上非常重视文字语言、图形语言和符号语言的结合。其中图形语言可以直观加深学生对所学内容的理解，为文字语言或符号语言提供直观表象。因此，教师在教学中应充分利用图形语言将"计算方法"直观化，同时借助数形结合可以把复杂的数学问题变得简明形象，让学生在数形结合中掌握计算方法。

[教学片段] 一个数除以分数

教师在引导学生计算一个数除以分数时，可以启发学生借助线段图来帮助他们解决这个问题。

师：小明在 $\frac{2}{3}$ 小时走了2千米，那么，小明1小时走了多少千米呢？先画一条线段表示小明1小时走的路程（边说边板书），怎样表示 $\frac{2}{3}$ 小时走了2千米这个条件？

生：将线段平均分成3份，其中2份表示的就是 $\frac{2}{3}$ 小时走的路程。

师：我们知道小明 $\frac{2}{3}$ 小时走了2千米。那么，1小时走了多少千米？怎么计算？

（教师启发学生结合线段图，想办法计算出 1 小时走的路程，然后放手让学生去尝试，去计算）

师：说说你是怎样想的？

生：我们知道 $2 \div \frac{2}{3}$ 是求 1 小时走的路程，而 1 小时里面有 3 个 $\frac{1}{3}$ 小时，所以关键是求出 1 个 $\frac{1}{3}$ 小时走的路程。根据 $\frac{2}{3}$ 小时走了 2 千米，用 $2 \div 2$ 可以算出 1 个 $\frac{1}{3}$ 小时走的路程，再乘以 3 就等于 1 小时走的路程。

生：$2 \div 2 \times 3$ 可以写成 $2 \times \frac{1}{2} \times 3$，根据乘法结合律可将 $2 \times \frac{1}{2} \times 3$ 写成 $2 \times (\frac{1}{2} \times 3)$，等于 $2 \times \frac{3}{2}$。

在教学过程中，教师通过画线段图帮助学生理解了题意，使复杂的文字变得简单明了，各种数量之间的关系一目了然。再将这些关系式用数据表示出来，则容易得出算式

数形间的巧妙变换，更有助于我们对计算方法进行概括与总结。

3. 在探索规律教学中渗透数形结合思想

《课程标准（2011 年版）》中指出要加强探索事物的变化规律。探索事物的变化规律有助于培养学生的思维能力。数形结合思想是充分利用"形"把复杂的数量关系和抽象的数学概念变得形象、直观，从而帮助学生引发联想、探索规律，最后得到结论。

在计算 1+3+5+7+…+99=（ ）时，教师可以设计两个教学层次：第一层次，教师鼓励学生尝试解答，学生一般会按照等差数列求和的方法进行计算；第二层次，教师介绍画正方形点阵图（图 2-13）表示题目的意思，并引导学生观察图，寻找算式与点阵图之间的关系，从中发现规律，得出 1+3+5+7+…+99=50×50=2500。

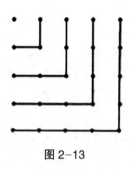

图 2-13

要让学生体会到，在解决复杂的数学问题时，可以换个思路，借助直观图的帮助，把复杂的数学问题变得简单易懂，从而找到解决问题的方法。

4. 在解决问题中渗透数形结合思想

在解决问题时采用"数形结合"思想能很好地帮助学生厘清数量之间的关系，从而明确解题思路，确定有效的解题方法。

（1）通过数形结合思想，解决图形问题

计算几何图形面积时有这样一道题："红军小学原来有一个长方形操场，长 60 米，宽 40 米。扩建校园时，操场的长增加了 20 米，宽增加了 10 米。操场的面积增加了多少平方米？"

要解决这个问题，如不画示意图，有些学生容易理解成为增加部分的面积是 20×10=200（平方米）。教师让学生画出示意图（图 2-14）后，学生就理解增加的面积不是一个长方形，而是一个 L 形。要将 L 形分割成几个长方形，再来求增加部分的面积。由此可见，数形结合的作用是显而易见的。

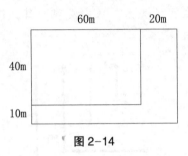

图 2-14

（2）通过数形结合思想，解决分数应用题

教师在教学"解决稍复杂的分数除法问题"时，往往借助线段图帮助学生分析数量关系，使他们更容易理解与掌握题意。如题："美术小组有 25 人。美术小组的人数比科技小组的多 $\frac{1}{4}$，科技小组有多少人？"

教师应引导学生根据题意画出线段图（图 2-15），再结合题中的分率句，找出其中的数量关系：

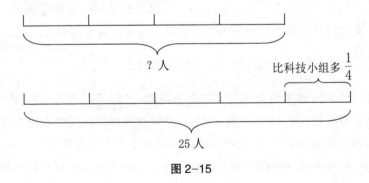

图 2-15

科技小组人数 + 美术小组比科技小组多的人数 = 美术小组人数或科技小组人数 × $(1+\frac{1}{4})$。

（3）借助数形结合，解决倒推问题

教师在教学"倒推法解决实际问题"时，学生往往知道要使用倒推的方法，但在分析较复杂的倒推问题时，学生却不容易理解其中的数量关系，容易导致思路的混淆。所以教师教会学生通过倒推示意图来分析题意显得尤为重要。例如："小明原来有一些邮票，今天又收集了 24 张，送给小军 30 张后，还剩 52 张。那么，小明原来有多少张邮票？"

这样，通过让学生画简单的轮廓图，并用箭头标出来，能使学生更容易理解题意。

案例 2-8

借数形结合的帮助学好数学
—— "数与形" 教学片段与评析

"数与形"是《数学》六年级上册第八单元"数学广角"中的内容。数形结合的例子在小学教材中比比皆是，有的图形中隐含着数的规律，可利用数的规律来解决图形问题，有的是利用图形来直观地解释一些比较抽象的数学原理与数量关系，让人一目了然。以往数形结合思想"深藏不露"地渗透在数学知识中。而现在，数形结合思想则由"幕后"走到"台前"，成为教学中的主要内容。学生可以借助数形结合的方法，从图形中寻找规律，并总结出一般规律，或依据图形的帮助解决抽象的难题。

[教学片段] 形中有数，数中有形

师：用边长是 1 的小正方形拼成大正方形（教师出示如图 2-16 所示图形）。

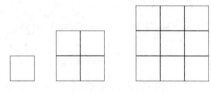

图 2-16

师：如果老师再继续拼一个，会拼成什么样的图形呢？

生：边长是 4 的正方形。

（教师出示一个边长是 4 的正方形）

师：你会用数或式子表达一下你发现的规律吗？

（学生动笔，教师巡视并收集作品）

（学生汇报，先出示 1、4、9、16）

师：这么简单的数据你能读懂吗？

生：这种规律是从个数上发现的，1 就是 1 个正方形，4 就是由 4 个小正方形组成的大正方形，9 就是由 9 个小正方形组成的大正方形……）

（教师接着出示 1×1，2×2，3×3，4×4）

师：你知道什么意思吗？

生1：第一个是边长为1的正方形，第二个是边长为2的正方形，第三个是边长为3的正方形……

师：谁还想说？有补充的吗？

生2：第一个图形是一行一列总个数是1，第二个图形是2行2列总个数是2×2，第三个是3行3列……

生3：我是这么想的，两个1相乘可以写成1^2，两个2相乘可以写成2^2，是两个3相乘也可以写成3^2。

师：你们是从边来发现规律的吗？

（教师再出示1，1+3，1+3+5，1+3+5+7）

师：你看懂了吗？下面有请发现这个规律的同学上来为大家解释一下。

生1：我从图形中发现，1个小正方形再加上3个小正方形，能拼成一个大正方形，每行有2个，有2行，小正方形的总数是1+3=2^2。在这个基础上再添上一个加数5，可以拼成更大的正方形，每行有3个，有3行，小正方形的个数是1+3+5=3^2。

师：谢谢这位同学的精彩发言，下面再请一位同学上来指一指1+3+5+7各指的是什么？

（学生指，教师用显眼的条状硬纸板表示出来）

师：数学真神奇啊！我们用同一组图形找出了三种规律，从这些算式中你找到数的影子了吗？

师指着第三种规律问：按照这个规律，1+3+5+7+9+11+13所描述的是一个怎样的图形？

生：它所对应的是边长为7的正方形。

师：你是怎样找到7的影子的？

生：1+3+5+7加了4个数，边长是4，1+3+5+7+9+11+13加了7个数，边长是7。

师：有不同意见的同学吗？大家都认可吗？我们请"电脑小博士"来验证一下吧。

（多媒体播放逐层添加演变的正方形）

师：一个正方形的边长是 1，也可以写成 1×1，总个数是 1^2，再增加 3 个正方形就变成边长是 2 的正方形，总个数是 2^2……

师：老师再继续加，1+3+5+7+9+…+19 边长是？

生：边长是 10 的正方形。

（再通过多媒体验证）

师：从图形中我们找到了数，从数中又还原出图形，数与形有没有关系？数中有形，形中有数。数和形又有着怎样的变化规律呢？请同学们看下一个算式。

[教学片段] 以形助数，以数解形

教师出示：$\dfrac{1}{2}+\dfrac{1}{4}+\dfrac{1}{8}+\dfrac{1}{16}+\dfrac{1}{32}+\dfrac{1}{64}+\cdots$

师：这个算式有什么特点？

生 1：前面一个数是后面一个数的 2 倍。

生 2：后面一个数是前面一个数的一半。

师："…"这是什么？省略号是什么意思？

生：省略号表示后面还有很多数相加。

师：它代表 1 万吗？1 亿吗？就这样没完没了，没有尽头地加下去的和又是多少呢？

（学生一脸迷茫，摸着脑袋）

生 1：我猜没有结果，因为永远加不完，和应该是无数。

生 2：这怎么可能找到结果呀！

师：从你们的表情来看你们遇到难题了，没关系，我们找图形来帮忙。

师：拿出老师为你们提供的学习卡，你任选一个图形（线段、圆形、正方形）做一下运算，找找它的和。

（师讲解怎样在图形里做算式的运算）

（学生动手、教师巡视，收集有代表性的学生作品，如图2-17所示）

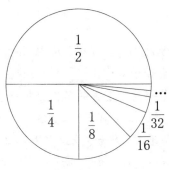

图2-17

师：请你上台为大家解释一下你是怎么画的？

生：我先找到图形的 $\frac{1}{2}$，在 $\frac{1}{2}$ 的基础上再加上 $\frac{1}{4}$，在它

们和的基础上再加上 $\frac{1}{8}$ ……

师：请你指出省略号部分在哪？

师：老师也选择了一个图形做了运算，让我们一起来看看吧！

（通过课件演示在正方形上做的运算，如图2-18所示）

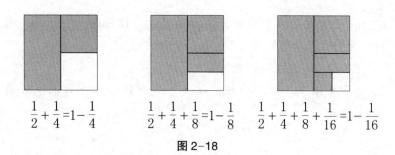

$$\frac{1}{2}+\frac{1}{4}=1-\frac{1}{4} \qquad \frac{1}{2}+\frac{1}{4}+\frac{1}{8}=1-\frac{1}{8} \qquad \frac{1}{2}+\frac{1}{4}+\frac{1}{8}+\frac{1}{16}=1-\frac{1}{16}$$

图 2-18

师：现在大家找到感觉了吗？如果按照这样的规律一直加下去，你们猜猜和会等于多少？

生1：我觉得一直加下去的话，会把一整个图形加满，所以我认为等于1。

生2：不会等于1，因为它永远都差那么一点点。

生3：我觉得一直往下加，和就会接近1。

生4：我觉得不会是1，应该是 $\frac{n-1}{n}$ 。

（学生看着图对这个算式产生了很多争议）

师：到底是1还是无限接近1？看来图形好像不能解决问题了，才让你们产生这么多争议，现在我们再回到数中来。

（教师出示：$1=\frac{1}{2}+\frac{1}{2}$）

师：可以这么分吗？

生：可以。

师：我将后面的 $\frac{1}{2}$ 再分成 $\frac{1}{4}$ 和 $\frac{1}{4}$ 可以吗？

列式：

$$1=\frac{1}{2}+\frac{1}{2}$$

$$= \frac{1}{2} + \frac{1}{4} + \frac{1}{4}$$

$$= \frac{1}{2} + \frac{1}{4} + \frac{1}{8} + \frac{1}{8}$$

$$= \frac{1}{2} + \frac{1}{4} + \frac{1}{8} + \frac{1}{16} + \frac{1}{16}$$

$$= \frac{1}{2} + \frac{1}{4} + \frac{1}{8} + \frac{1}{16} + \frac{1}{32} + \frac{1}{32}$$

$$= \frac{1}{2} + \frac{1}{4} + \frac{1}{8} + \frac{1}{16} + \frac{1}{32} + \frac{1}{64} + \cdots$$

师：你觉得按这样的规律往下分，分得完吗？那是分不完的，所以老师也用上省略号，但是它的和却始终等于 1。

师：你们从 $1 = \frac{1}{2} + \frac{1}{4} + \frac{1}{8} + \frac{1}{16} + \frac{1}{32} + \frac{1}{64} + \cdots$ 这个算式找到

$\frac{1}{2} + \frac{1}{4} + \frac{1}{8} + \frac{1}{16} + \frac{1}{32} + \frac{1}{64} + \cdots = (\quad)$ 这个算式的和了吗？

生 1：找到了，约等于 1。

生 2：我还是认为是无限接近 1。

师：无论你们是否理解等于 1 还是无限接近 1，等你们上了初中以后还会继续学习这种极限思想。重要的是，当我们遇到某个算式没办法解决时，图形可以帮助我们，当图形无法解释清楚时，我们又可以回到算式中找到答案。

师：数与形有没有关系？是一种怎样的关系？

生：数和形是互相帮助的关系。

师：是的，数与形是一种互助关系。

（课件出示以前学习过的数形互助的例子）

师：其实在你们学习数学的第一天，数形互助就已经陪伴着我们，如通过摆小棒，让我们理解数的组成；通过画图帮助我们

071

理解分数乘以分数的算理；等等。

[总评]

《课程标准（2011年版）》在原有的基础知识和基本技能上增加了基本思想、基本活动经验。这体现了在数学教学中培养学生数学素养的重要性，数形结合的思想是一种重要的数学思想，本节课教师就是以数形结合思想为主题展开教学的。

1. 以数解形，体会数形结合思想

从学习数学开始，数与形的思想就一直伴随着数学的教与学。从排列的小正方形个数等于大正方形两边的个数相乘，每边的个数等于加数的个数，借助图形通过等式的传递性最终得到算式的和等于加数个数的平方的简便新算法。教师接着出示$1+3+5+7+9+11+13$连续7个数相加的问题，学生得以在脑海中建起图的模型，教师从这一过程中引导学生从图形中找到数，再从数中找到图形，从而体会形中有数、数中有形。不但让学生理解了数与形密不可分，而且使学生积累了观察、想象、推理、思考的经验。

2. 以形助数，感受数形结合思想

我们认为教材编者在编写这一部分内容的时候，目的不在于要求学生掌握某种具体的知识和技能，而在于促进学生对数形结合思想的进一步体验总结、自觉运用，这对学生长远的发展而言是有利的。当学生对$\dfrac{1}{2}+\dfrac{1}{4}+\dfrac{1}{8}+\dfrac{1}{16}+\dfrac{1}{32}+\dfrac{1}{64}+\cdots$感到很迷惑或手足无措的时候，让学生动手尝试在图形中做运算，学生通过画图后发现按照这样规律画下去，似乎接近一整个图形，再找到

算式的感觉。越继续相加，所得的结果越接近1，但具体的值是多少，能不能等于1，学生产生了很多争议。最后，学生们发现图形最终不能解决问题，教师又带着学生们用反推的方法，从 $1 = \frac{1}{2} + \frac{1}{4} + \frac{1}{8} + \frac{1}{16} + \frac{1}{32} + \frac{1}{64} + \cdots$ 中找到算式的"和"。学生能不能真正理解无限接近于1还是等于1已经不重要了。重要的是学生经历了将数转化成形，而形只能帮忙找到感觉却不能最终解决问题时又回到数的过程，体验到数与形的联系，感悟到数形结合的优点，感受到成功的快乐。这还培养了学生归纳推理的能力，渗透了极限的数学思想。

3. 数形互助，领悟数形结合思想

在课堂教学中，数与形的结合是学习数学的一种思想与方法，两者不能分开。要做到数中有形、形中有数，让学生寓知识于活动之中，以形思数，帮助记忆；数形对照，加深理解；数形联系，以利解题；以形载数，以数量形；数形互释，图文并茂。把数形结合作为培养学生形象思维能力和逻辑思维能力的最终目标。如课后练习题中给出了某超市2014年销售某种饼干的数量统计表，学生根据统计表很难回答明年是否还要进这种品牌的饼干。当教师出示折线统计图后，学生就能一目了然地看出这种饼干的销售总体是呈上升趋势的，从而深入理解数缺形时少直观的意义。而课后练习中还有卡车是否能一次将沙坑中的沙子拉走的图片，学生光看图片无法判断，只有知道卡车货箱和沙坑的长、宽、高后才能确定，让学生深入理解了"形少数时难入微"的意义。

数学素养的培养（特别是创新人才的培养）是悟出来的，而不是教出来的。教学素养是一种经验的积累，需要受教育者本人的思考与实践。

案例 2-9　　借助数形结合思想培养学生的思维能力

数学家华罗庚曾说:"人们对数学早就产生了枯燥无味、神秘难懂的印象,成因之一便是脱离实际。"① 数形结合就是把直观形象的几何图形、位置关系与抽象难懂的数学语言、数量关系结合起来,通过以数解形或以形助数的方式,使复杂的问题简单化、抽象问题直观化,在形象思维与抽象思维的交融中提升学生的思维能力。

1. 借助数形结合,变抽象为直观

在概念这一方面,小学低年级段对于概念硬性规定很少,尤其对低年级的学生来说,许多数学概念对他们而言是比较抽象、很难理解的,特别需要直观的视觉感受,因此,教师可以借助数形结合思想进行教学,通过对图形的分析,帮助学生理解数学概念。

例如,教师在教学"数的认识"一课时,常用到计数器来作为学生理解数位、位值等抽象数概念的重要工具,有效沟通数与形。为了让学生更为直观地体会小数中的"满十进一"计数法,可以通过"点线面体"(图 2-19)来进行表示。如果把整个立方体看作"1",把它平均分成 10 份,每份就是一个"面",这一

① 汤强,程国志,高明 . 小学数学教学 [M]. 北京:航空工业出版社,2014:125.

个"面"就是 0.1。如果再把一个面继续平均分成 10 份，每一份就是一条"线"，这一条"线"就是 0.01。依此类推，一个"点"就是 0.001。经过这样数形结合、逐层演示，学生对"十进制"的理解就会更深刻。

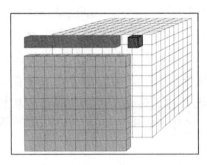

$$1 \xrightarrow{\div 10} 0.1 \xrightarrow[\frac{1}{10}]{\div 10} 0.01 \xrightarrow[\frac{1}{100}]{\div 10} 0.001$$

图 2-19

因此，若在概念的形成过程中有直观或半抽象的图形或实物来支撑，就能将比较抽象的概念转化为具体、直观的事物，为学生学习数的概念找到助力点，使学生容易理解和掌握相关知识。

2. 借助数形结合，化抽象为形象

算理就是计算方法的道理，以前教师在进行计算教学时往往"只重视算法而忽视算理"，现在，计算教学应做到"法理并重"，既要在理解算理的基础上掌握计算方法，又要在掌握算法的基础上懂得算理。算理往往是比较抽象的，教师应借助数形结合的方式，使学生正确理解算理。通过直观操作，以形助数，使抽象的算理形象化、具体化。

例如，教师在教学"9 + 几"一节课时，应先出示情景图，让学生收集信息，提出问题并列出算式，即：算式9+4=（　　）。再引导学生用小棒、圆片等实物操作来感知"凑十法"的过程，进而理解"凑十法"的算理。教师出示空白格子图（图2-20），让学生在格子里面放9个圆片，格子外面再放4个圆片。通过观察，再动手"拿"，从外面拿1个放进格子里，这样格子里就"凑"成10个圆片，外面还有3个，"合"起来就是13个圆片。让学生在"拿"的基础上进行感悟，把4分成1和3，1和9凑成10，10加3就等于13。最后，引导学生用自己的语言来描述"拿、凑、合"的过程。这样，学生能很好地理解"凑十法"的含义，并在体验操作过程中，掌握"凑十法"，为后续学习打下坚实基础。

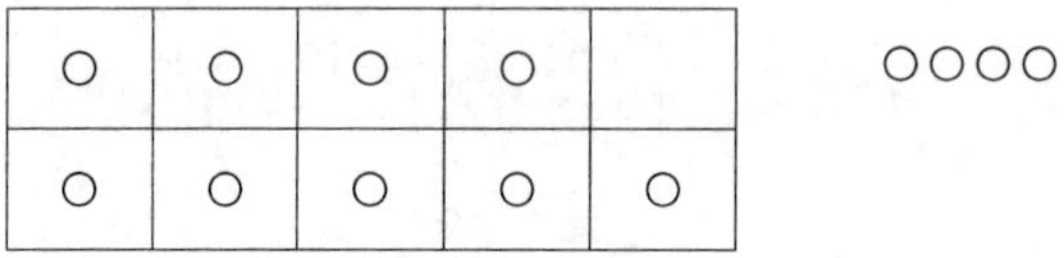

图 2-20

又如，教师在教学"两位数乘以两位数"一课时，由于学生第一次接触两位数乘以两位数的计算方法，对于其中的算理不是很明确。此时，教师应引导学生在点子图（图2-21）上圈一圈、画一画，将计算过程的每一步算式的含义与点子图联系起来，找出相应的点子图部分。依托点子图这个直观模型的操作活动，让学生经历竖式的形成过程，从而清晰地理解竖式计算的算理，也能很好掌握计算的方法。

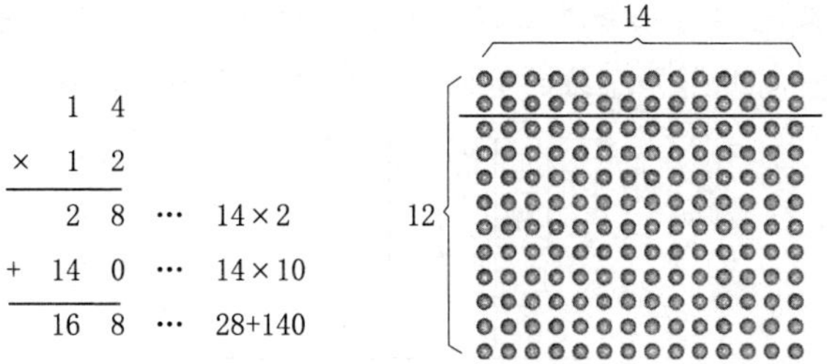

$$\begin{array}{r}
1\;4 \\
\times\ 1\;2 \\
\hline
2\;8 \\
+\ 1\,4\;0 \\
\hline
1\,6\;8
\end{array}$$

14×2

14×10

28+140

图 2-21

3.借助数形结合，理解从现象到本质

"形""数"相融是指在数学学习中，不是简单地以"数"变"形"或以"形"变"数"就能使问题得到解决，而是需要"形""数"互相渗透交融，不但要想到由"数"的严密联系到"形"的直观，还要想到由"形"的直观变为"数"的严密。教师在教学中，要认真分析并找出"形"和"数"的内在联系，做到看"形"思"数"，见"数"想"形"。

例如，学生在计算 $\frac{1}{2}+\frac{1}{4}+\frac{1}{8}+\frac{1}{16}+\frac{1}{32}=(\quad)$ 这道题时，按一般的解法，大多数学生应该先进行通分，然后按同分母分数加法的法则计算出结果。教师可以从题目的本质出发，去解析它。为此，教师要引导学生认真观察每一个加数的特点，把每一个加数用内在的形表现出来，如图 2-22 所示。通过观察图 2-22 所示中各加数的关系，学生很快就发现，计算 $\frac{1}{2}+\frac{1}{4}+\frac{1}{8}+\frac{1}{16}+\frac{1}{32}$ 的和，其实就是计算 $1-\frac{1}{32}$ 的差。教师在教学时，要引导学生认真观察图上的相关数据，当学生明白图形所表达的意思后，计算方法就一目了然了。从而可以得出，只有当"数"和"形"相融合时，形象思维与抽象思维就可以交叉运用，这样就能更好地培养学生的空间观念和思维的灵活性，提高学生的综合解题能力。

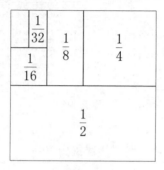

图 2-22

4. 借助数形结合，化难懂为易懂

数无形不直观，形无数难入微。数形结合可以借助简单的图形、符号和文字所作的示意图，促进学生形象思维和抽象思维的协调发展，建立起数学知识之间的联系。

例如，教师在教学"负数"一课时，应引导学生利用数形结合的方式，实现代数问题与图形之间的互相转化，从本质上理解正负数的意义，如图 2-23 所示。

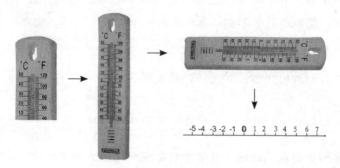

图 2-23

　　教师在教学中，可以通过课例展示一个不完整的温度计（没有0℃的温度计），让学生在温度计上找出5℃和–5℃。学生找不出–5℃，发现温度计有问题时，再进而修改温度计，显示"0℃"。接着通过动态的温度变化演示，帮助学生认识"0是正数和负数的分界点，既不是正数也不是负数"。教师将温度用正负数的形式标在温度计上时，借助温度计让学生直观形象地感知正负数在温度计上相应的位置，为抽象认识数轴奠定基础。接着，把温度计由竖着变成横着，初步建立了数轴的模型，帮助学生进一步理解负数的意义，为认识数轴积累了丰富的表象。最后出示完整的数轴，温度计演变为数轴，具体的温度演变为一般的数，学生经历了从形象思维过渡到抽象思维的过程。同时，利用数轴还可以比较正负数的大小，表示正数的点在"0"的右边，要表示的正数越大，这个点到"0"的距离也就越远；表示负数的点在"0"的左边，这个点到"0"的距离越远，则这个负数就越小。在认识负数以前，学生常常认为"0"是最小的数，或者表示"没有"。现在再通过数轴来看数字"0"，就得重新认识它的地位和意义了，它不再是最小的数，更不能表示"没有"。0℃是最低温度吗？0℃能表示没有温度吗？不是的，0只是正数和负数的分界点。我们利用数轴可以拓宽学生的解题思路，解决诸如表示点的位置、进行数的大小比较等问题。这样的几何直观图是沟通数与形的桥梁，是数与形的碰撞，将复杂的问题变得简单，使我们的课堂从简约中走向丰富。

　　总之，教师在教学中要有意识地建立数、形之间的联系，帮助学生逐步构建数形结合的思想，提高学生主动运用的意识，使数形结合的思想成为学生运用自如的思维工具，从而有效提高学生的思维能力。

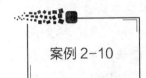

案例 2-10 借助数形结合思想培养学生的思维能力

"数"与"形"是数学教学最根本的两个方面，数形结合就是把实物、图形和代数有机地结合起来，分析它们之间的对应关系和内在联系，再利用数形之间的联系去解决数学问题，从而降低数学问题的难度，找到优化解题的路径，培养学生的学习能力。而数形结合思想应贯穿于小学数学教学全过程，并在数学学习中广泛应用。

1. 数形结合，帮助学生建立数感

数轴（图 2-24）是体现数形结合思想的一个重要工具。数轴将数有规律、有方向地排列，将数与点建立一一对应关系，将抽象的数形象直观地表示出来，化抽象的数为形。例如，让学生理解：一个数精确到十分位后是".0"。让学生明白小数点后的 0 不能去掉，是教学中的一个难点。有的教师不厌其烦地强调：1 和 1.0 的大小相等，但它们的精确程度不一样，这个 0 是不能去掉的。有的教师就强调：如果把 0 去掉，就不是精确到十分位，而是精确到个位了。在这样的再三强调下，学生虽然记住了结论，但理解仍不深刻。教师出示数轴（图 2-24）后讲解：约等于 1 的数的取值范围可以是 0.5 ~ 1.4 之间的任何数，而约等于 1.0 的数的取值范围则是 0.95 ~ 1.04 之间的任何数。从数轴上，学生能够感受到近似数 1 比近似数 1.0 所对应的值范围更广，1 和 1.0 虽然大小相同，但精确程度不同，1.0 比 1 对应的值范围

更小，精确度更高。因此，小数点后的 0 不能随意去掉。教师灵活利用数轴，轻松突破了教学难点，帮助学生理解了近似数 1 和 1.0 的异同，帮助学生理解了数的意义，经历了数感的建立过程。

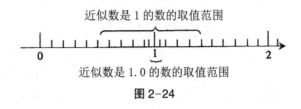

图 2-24

2. 数形结合，帮助学生分析数量关系

数形结合是理解抽象数量关系的形象化、视觉化的工具，既能舍弃问题的具体情节，又能形象地揭示条件与条件、条件与问题之间的关系，把数转化为形，显示出已知与未知的内在联系，激活学生的思维，帮助学生选择合适的解题方法。有这样一道题：一块长方形试验田，如果这块试验田的长增加 6 米，面积比原来增加 48 平方米；宽增加 4 米，面积也比原来增加 48 平方米。你知道原来试验田的面积是多少平方米吗？在这道题长和宽都没有告诉我们的情况下，应该怎么办呢？此时，教师应引导学生根据题目条件画图，如图 2-25 所示。

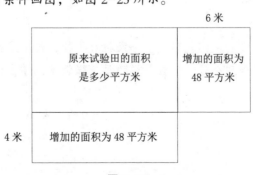

图 2-25

通过画图，引导学生观察，从而轻易得出：根据"长增加6米，面积比原来增加48平方米"可以求出原长方形的宽，即48÷6=8（米）。同样地，根据"宽增加4米，面积比原来增加48平方米"也可以求出原长方形的长，即48÷4=12（米）。然后根据原来的长与宽就可以求出原长方形的面积：8×12=96（平方米）。从表面上看这道题似乎无法求解，但通过画图，就可以清晰地找出长或宽增加与面积增加之间的关系，从而分别求出原来的长和宽并解决问题。

3. 数形结合，帮助学生理解算理

小学数学教材中计算部分占很大的比例，教师在教学时就要引导学生理解算理。算理就是计算过程中的道理，是学生在计算过程中的思维方式，是解决为什么这样运算的问题。学生不明白道理又怎么能熟练地掌握计算方法？教学时，教师要让学生理解算理并掌握计算方法，而数形结合就是帮助学生正确理解算理的一种很好的方式。我们可以借助直观操作，以形助数，使抽象的算理形象化，在正确理解算理的基础上掌握计算方法。

例如，教师在教学"有余数的除法"一课时，学生用 8～16根小棒摆正方形，如图 2-26 所示。

8根小棒可以摆（2）个正方形 □□

9根小棒可以摆（2）个正方形还余（1）根 □□|

10根小棒可以摆（2）个正方形还余（2）根 □□||

11根小棒可以摆（2）个正方形还余（3）根 □□|||

12根小棒可以摆（3）个正方形 □□□

13根小棒可以摆（3）个正方形还余（1）根 □□□|

14根小棒可以摆（3）个正方形还余（2）根 □□□||

15根小棒可以摆（3）个正方形还余（3）根 □□□|||

16根小棒可以摆（4）个正方形 □□□□

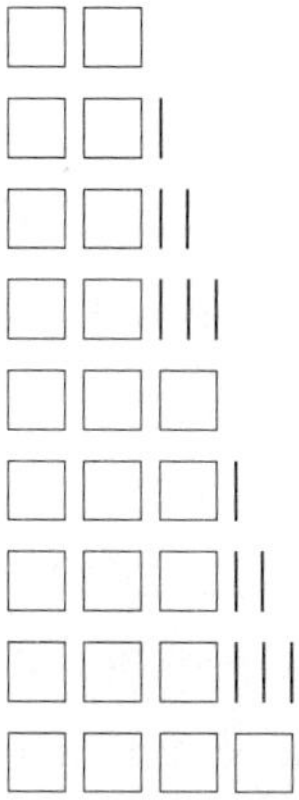

图 2-26

摆完之后学生发现余数都是 1、2、3，进而提出疑问：为什么余数都是 1、2、3 呢？如果接着往下摆，余数会不会比 3 大呢？教师引导学生观察图形，学生很容易就明白：因为摆一个正方形需要四根小棒，如果剩下四根小棒就可以摆一个正方形，所以余数不可能是 4。接着往下摆，余数也只能是 1、2、3，也就是余数比 4 小。接着教师引导学生拓展思维，如果摆三角形，那么余数可能是几？摆五边形呢？摆十边形呢？学生得出初步结论：余数比图形的边数小。教师接着引导学生观察图形与除法算式之间的联系，发现除数就是所摆的图形的边数，进而得出余数比除数小的结论。

4. 数形结合，帮助学生寻找解题途径

获得良好的解题思路经常需要借助图形的帮助。借助图形解题的最大优势是将抽象问题形象化。而恰当选用集合图，是寻找解题途径最有效的手段之一。它可以将数量信息反映在图形上，能直观表现数量间的关系，让学生对图形进行观察、分析、联

想，逐步形成算式，从而获得解题思路，达到解决问题的目的。

[教学片段] 集合

教师出示题目：三（1）班参加语文课外小组的有8人、参加数学课外小组的有9人，其中3人既参加语文课外小组又参加数学课外小组。请问，参加语文和数学课外小组的一共有多少人？

生1：一共17人。

生2：不对，有3个重复了，

（在计算总人数时只能计算一次，应该是14人。同学们争论不休）

师：我们先把学生分类，参加语文课外小组的站在左边，参加数学课外小组的站在右边，你们发现了什么？

生：既参加语文课外小组又参加数学课外小组的同学不知道怎么站了。

这样就引发了学生认知冲突，接着让学生根据题意猜想画图，教师再出示一个空白图，让学生在不同位置填上相应的学生姓名（图2-27），从而引出文氏图。最后请学生看图列式计算、验证结果、统一答案。可见，数与形有效结合，使学生既丰富表象、启发思维、激发兴趣，又能迅速找到解决问题的方法。只有激发了学生的学习兴趣，学生才会在不知不觉中进行思考，发展自己的思维能力。

参加语文课外小组的学生　　　参加数学课外小组的学生

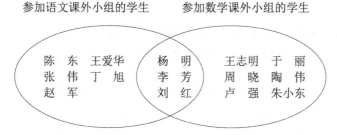

既参加语文课外小组又参加数学课外小组的学生

图 2-27

5. 数形结合，帮助学生解决几何问题

图形具有形象直观的优势，但有些图形过于简单，直接观察看不出图片所蕴含的数量关系，这时就要借助数的运算来解决有关几何问题。教师可用数的精确性来阐明形的特性，让学生在感受形的过程中有目的地去思考数，又利用数来解释形，体会到数形结合的魅力，提高学生的思维能力。

例如，在复习平面几何图形的面积之后，教师出示这样一道题：一个正方形的边长是 8 厘米，A、B 分别是两边的中点，求阴影部分的面积，如图 2-28 所示。

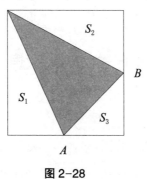

图 2-28

图 2-28 所示阴影部分是个三角形，其底和高都未知，因此不能直接求出它的面积。我们借助直观图形，可以看出阴影部分的面积等于正方形的面积减去 3 个三角形的面积，就是 $8\times8-(8\times4\times2\times\frac{1}{2}+4\times4\times\frac{1}{2})=24$（平方厘米）。这时教师可以引导学生仔细观察图形，抓住 A、B 分别是两边的中点这个条件，就会发现更简单的解法。S_1 和 S_2 面积相等，分别是正方形面积的 $\frac{1}{4}$，S_3 是正方形面积的 $\frac{1}{8}$，这样阴影部分的面积则是正方形面积的 $1-\frac{1}{4}-\frac{1}{4}-\frac{1}{8}=\frac{3}{8}$，就是 $8\times8\times(1-\frac{1}{4}-\frac{1}{4}-\frac{1}{8})=24$（平方厘米）。这样通过数的运算，使几何图形的问题得到了很好的解决，既可训练学生运用所学知识处理问题的能力，也可提高学生的思维能力。

总之，教师应将数形结合的思想渗透在数学教学的每一个领域，只要我们根据教学内容的需要，运用恰当的图形，将抽象的数学概念直观化、复杂的数量关系具体化、无形的解题思路形象化，就有助于打开学生的思维，也更能提高学生解决问题的能力。

第七节　转化思想

转化思想是一种非常重要的数学思想，当我们不能直接解决某些数学问题时，可以对问题进行变化，直至将它转化成可以解决的问题，或容易解决的问题。

一、对转化思想的认识

人们面对数学问题，如果直接应用已有知识不能或不易解决该问题时，可以通过观察、分析、联想、类比等方法，将其转化为能够解决或比较容易解决的问题，这种思想称为转化思想。

从小学到中学，数学知识呈现一个由易到难、从简到繁的过程。然而，人们在学习、理解和掌握数学的过程中，可以通过化隐为显，化繁为简，化难为易，化未知为已知，化复杂为简单，化陌生为熟悉，化抽象为具体，逐步学会解决各种复杂的数学问题的方法。因此，转化思想既是一般化的数学思想与方法，具有普遍的意义；同时，转化思想也是攻克各种复杂问题的"法宝"，具有重要的意义和作用。

二、转化思想遵循的原则

转化思想的实质就是在已有的简单的、具体的、基本的知识的基础上，把复杂的、陌生的问题，转化为简单的、熟悉的问题，从而更好地解决问题。因此，我们在应用转化思想时要遵循以下几个基本原则。

（一）数学化原则

数学来源于生活，应用于生活。我们将生活中的问题转化为数学问题，建立数学模型，从而运用数学知识找到解决问题的方法。学习数学的目的之一，就是要利用数学知识解决生活中遇到的各种问题。《课程标准（2011年版）》强调的培养目标之一就是培养实践能力，因此，数学化原则能帮助我们解决生活中的问题。

（二）熟悉化原则

将陌生的问题转化为熟悉的问题，以利于我们运用熟知的知识、经验来解决。从某种程度上说，这种转化过程对学生而言既是一个探索的过程，又是一个创新的过程，与《课程标准（2011年版）》提倡培养学生的探索能力和创新精神是一致的。

（三）简单化原则

将复杂问题转化为简单问题，通过解决简单问题，达到解决复杂问题的目的，或获得某种解题的启示和依据。对解决问题者而言，复杂的问题未必都不会解决，但解决的过程可能比较复杂，因此，把复杂的问题转化为简单的问题，再寻求一些技巧和捷径，也不失为一种办法。

（四）直观化原则

直观化原则就是将比较抽象的问题转化为比较直观的问题。有些抽象的问题，直接分析解决的难度较大，需要把它转化为具体的问题，或者借助直观手段才能比较容易分析解决它。因此，直观化原则是中小学生经常应用的方法，也是重要的基本原则之一。

（五）和谐化原则

转化问题的条件或结论，使其表现形式更符合数学所表示的形式，使其推理有利于运用某种数学方法或更符合人们的思维规律。

三、转化思想在教学中的应用

我们在解决数学问题时，往往不是直接求解问题，而是将问题进行变换，使其转化为一个或几个更容易解决的问题。转化思想也可以认为是将数的一种形式转化为另一种形式；一种运算转化为另一种运算；一个关系转化为另一个关系；一个量转化为另一个量；一种图形转化为另一种或几种图形，使一种研究对象在一定条件下转变为另一种研究对象。为了有助于学生的学习，我们注意将新知识转化成学生已经学过的知识，将较为复杂的问题转化成比较简单的问题。例如，我们可以将小数乘法的计算转化为整数乘法的计算，将分数除法的计算转化为分数乘法的计算，将一个平行四边形通过"剪拼"转化成长方形来计算它的面积；在进行三角形、梯形的面积的计算时，我们可以将两个完全相同的三角形、两个完全相同的梯形分别拼成一个平行四边形来计算它们的面积。这样，我们就将原来的图形通过剪、拼等方式加以"变形"，使其化难为易、化新知为旧知。另外，教师还可以用转化的策略解决实际问题，凸显转化在数学学习中的作用，帮助学生体验转化思想的价值。

四、转化思想的运用方式

转化思想作为重要的数学思想之一，在学习数学和解决数学问题的过程经常用到，而运用转化思想通常有以下几种运用方式。

（一）化抽象为直观

数学的特点之一是它具有很强的抽象性，这是每个学生在学习数学时所必须面对的问题。从小学到大学，数学问题的抽象性不断加强，学生的抽象思维能力在不断接受挑战。若能把抽象问题转化成直观问题，不但使问题更加容易理解，也能培养学生的思维能力与解决问题的能力。例如，教师在教学"倍数的问题"时有一题："一件上衣 85 元，一条裙子的价钱是它的 2 倍多 20 元，求裙子多少钱？"在该题中，解决倍数关系是学生学习的一个难点，因为学生在解答时需要准确找到谁是标准量，数量关系比较复杂。解决此类题时，可让学生画线段图以帮助他们理解题意，使学生体会到借助线段图的帮助能将抽象的问题变得直观，更能清晰地表示出其中的数量关系，这样解决问题就变得更加容易了。

（二）化烦琐为简单

有些数学问题比较复杂，解答的过程比较烦琐，在结果和数量关系相似的情况下，我们可以从简单的问题入手，找到解决问题的方法或建立模型，并进行适当迁移与验证。如果能够验证这种方法或模型是正确的，那么该问题就可以得到解决。例如，教师在教学"植树问题"一课时，教材的例题中的数量往往比较大，学生要发现棵数和间隔的关系是比较困难的。这时，教师应引导学生尝试使用小一些的数量去计算，找到方法后，再回过头去解决原来的问题。这种方法同样也可以运用到鸡兔同笼的问题上，教师可以把原题中的数量进行简化，为分析和解决问题提供方便，巧妙地渗透转化的数学思想与方法。因此，学会化繁为简的解答策略，对解决繁难的数学问题大有帮助。

（三）化新知为旧知

化新知为旧知是指在遇到新问题时，不是直接去处理它，而是把它置于原有的认知中进行解决，能够主动联想到使用"新问题转化成旧知识""用旧知识解决新问题"的转化方法。例如，除数是小数的除法可转化成除数是整数除法进行计算，分数除法可转化为分数乘法去计算，面积公式和体积公式的推导都是将新图形转化成已学过的图形来计算，等等。教师在教学这些内容时，一定要抓住新旧知识的"生长点"引导学生进行转化，从而完成对新知识的学习。

（四）化陌生为熟悉

在空间与图形领域中，所有关于图形面积或体积计算的知识几乎都可以用转化思想来学习，我们通常需要对原有几何形体进行等积变形，将无规则图形通过剪拼转化成我们熟悉的有规则图形，从而探究出新平移图形的面积计算公式。例如，计算图 2-29（a）的阴影面积。

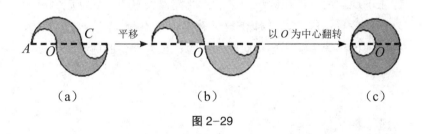

图 2-29

分析：我们要求出图 2-29（a）的阴影部分面积，但学生根据原有的知识无法直接求出，因为它是一个不规则的图形。这时，教师可引导学生利用所学知识尝试解决，即利用平移的方法得到图 2-29（b），再利用旋转方法得到图 2-29（c），图 2-29（c）是一个规则的图形，即可求得阴影面积为大圆面积与小圆面积之差。

（五）化生活为数学

重视数学知识的应用、加强数学与生活的联系，是数学课程改革的一个热点，已成为我国教育改革的一个指导思想。可把数学知识应用在生活、生产实际中去，引导学生在解决实际问题中提高分析问题和解决问题的能力。例如，我们可以利用排水法求出不规则物体的体积。在实验中，学生可以利用已有的知识和生活经验，计算出上涨的水的体积，就得到了不规则物体的体积。虽然物体是不规则的，但是将不规则物体的体积转化成水的体积之后，就变成规则的了。这时我们就可以利用已有的知识来解决问题了。

转化思想是分析问题、解决问题的有效方法，对数学能力的形成和发展有着十分重要的作用。学生一旦掌握了转化思想，并能正确地运用它，在数学的学习上就能做到触类旁通，起到事半功倍的效果。因此，教师在数学教学中要不断地渗透转化思想，有效地提高学生解决数学问题的能力，也为学生的后续发展打下良好的基础。

案例2-11　　**巧妙转化图形，呈现精彩课堂**

由于学生对于图形的认识通常只停留在表面，不能建立起图形特征及其联系的知识脉络，因此，我们在几何形体的教学中，应结合具体的教学内容，适时渗透转化思想。通过操作实践，化"静"为"动"、化"繁"为"简"、化"新"为"旧"、化"数"

为"形"、化"抽象"为"直观"，有效帮助学生建构空间观念，发展几何思维，从而提高学生的学习能力。

1. 化"静"为"动"，呈现优美数学

立体图形和平面图形是小学生认识图形的重要内容。而它们之间有着密切的联系，是可以相互转化的。这样，学生才能够清楚地了解各种形体的特点，以及它们的由来。例如，教师在教学《数学》六年级"几何图形总复习"时，通常会从最基本的点线面开始回顾。那么，怎样串联知识既富有趣味又能引导学生提高认识、把握基本元素间的内在联系呢？教师可让学生观察铅笔笔尖，笔尖就是一个点，随着笔尖在纸面上划过，画出了一条直线，所以直线上就有无数个（笔尖上的）点，使学生经历"点动成线"的过程。又例如，教师可用课件将一根小棒垂直移动的过程进行展示，小棒所扫过的部分形成了一个长方形，让学生直观体会"线动成面"的过程。教师还可将一个长方形硬纸绕着其中一条边黏在木棍上，通过快速转动，让学生感受"面动成体"的过程，如图 2-30 所示。

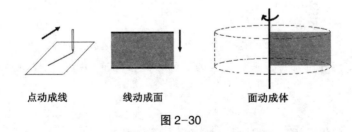

点动成线　　　　线动成面　　　　面动成体

图 2-30

教师通过实践，展示由静到动的转化过程，逐步帮助学生建构起由点到线、由线到面、由面到体的形成过程，从而有效培养学生的空间观念，呈现出一种动态的数学美感。

2.化"繁"为"简"，优化解题方法

数学问题往往要求我们透过现象探究本质，抓住它们的内在联系。为此，教师在教学"几何图形问题"时，往往通过化繁为简的办法，将复杂的问题拆解为简单的问题，以帮助学生寻找解题方法。例如，解决"按图 2-31 摆小棒，1 个三角形需 3 根小棒，摆 12 个三角形要用几根？"的问题时，小棒的数量显然是随着三角形个数的增加而增加的，直接观察不易得出答案。教学时，教师通过化"繁"为"简"，先确定两个三角形需几根小棒，三个三角形需要几根小棒，然后逐渐进行探究，将图形化归为最简单的情形：1 个三角形有 3 根，以原有三角形提供的一条边做基础，添上 2 根就出现第 2 个三角形。然后将每次增加的三角形个数和所添的小棒根数对应起来，则可以将 12 个三角形分解成12 个部分，因此，小棒根数为 3+11×2=25（根）。

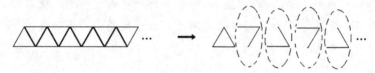

图 2-31

我们在思考角的总个数、线段（在同一直线上）的总条数等相关问题时都可以通过化繁为简的方式，厘清思路、优化解题的方法。

3.化"新"为"旧"，帮助我们探究新知

"新知"是指还没有学习过的知识，或是没有解决的数学问题；"旧知"是指学生已经学习过的知识，或是能够解决的

数学问题。教师在教学"几何形体"这部分内容时，应把"新知"转化成"旧知"，引导学生把问题与已有的知识与经验进行有效对接，促使学生应用旧知去解决新问题。运用旧知解决新知，就是将新知同化到学生原有的认知结构中，从而促使学生建立良好的认知结构，进而掌握新知。例如，教师在教学"异分母分数"加减法时，是在学生学习了"同分母分数加减法"的基础上进行教学的，应先引导学生将"新知"转化成"旧知"，即把"异分母"转化成"同分母"进行计算。例如，在计算 $\frac{3}{10}+\frac{1}{4}$ 时，教师应引导学生对算式进行分析，判断分母不同的分数能否直接相加，为什么？学生观察统计图后发现，分母不同的分数不能直接相加，只有通分化成分母相同后才能相加，如图 2-32 所示。

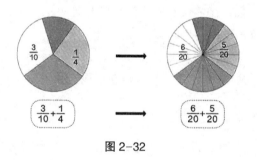

图 2-32

4. 化"数"为"形"，发现内在规律

化"数"为"形"，其实质是将抽象的数学语言和直观的图形结合起来，使抽象思维与形象思维结合，通过对图形的分析、数形的转化，使相对复杂的问题简单化、抽象问题具体化，从而发现它们的内在规律。例如，教师在教学"多边形内角和"一课时，是在学生已学过的"三角形的内角和是180°"的基础上进行

教学的。教学时，教师要提供给学生实践操作的机会，经历自由分割各种形状的四边形的活动过程，让学生体验到任意四边形沿对角线剪开可得到两个三角形，即四边形内角和为360°。由此引导学生逐渐探究五边形、六边形、七边形等图形的内角和，学生通过探究、分析、比较，从而发现多边内角和的内在规律，构建了 n 边形内角和的模型，见表2-7。

表2-7

图形	△	▱	⬠	⬡	⬢	...	n 边型
边数	3	4	5	6	7	...	n
内角和	180°	180°×2	180°×3	180°×4	180°×5	...	180°×（n-2）

思路形象化，不仅有助于学生探究新知，而且也有助于激发学生学习的积极性。

5. 化"抽象"为"直观"，建立直观认知

由于小学生抽象思维能力偏弱，他们往往只会将关注点停留在事物的表象上。因此，教师在教学一些抽象的几何形体概念时，应让学生结合实物模型或学具，引导学生通过观察、分析、比较，建立直观认知，从而抽象出几何形体概念。例如，教师在教学"体积的认识"一课时，由于体积概念是比较抽象的，学生难以理解。教学时，教师请学生仔细观察讲台桌上一个盛有水的玻璃容器，记录水面的原有高度，然后把一块长方体的铁块放入容器中，再记录铁块放入后水面的高度。让学生去思考、去探究、去交流水面为什么会上升，使学生理解这是由于容器中的铁块占据了一定大小的空间，并把水挤开，所以水面就会升高。这

样，我们把抽象的概念转换成看得到、摸得着的感知活动，使学生初步理解"空间""体积"的意义，也感悟到一定的空间观念。

总之，要想学生学好几何图形这部分内容，教师要重视操作实践活动，让学生积累丰富形象的图形经验，做到触类旁通、举一反三，从而掌握学习图形的各种方法，进而提高课堂教学的效果。

案例 2-12 **巧用转化思想解决数学问题**
—— 《数学》五年级上册简析

布鲁姆在《教育目标分类学》中明确指出，数学转化思维是"把问题元素从一种形式向另一种形式转化的能力"。小学生在学习数学时多数是从日常生活经验中汲取知识，再与数学教材知识相联系的。他们从低年级开始就在不断地借助生活经验去感知数学、认识数学，并运用数学知识去解决日常生活中的问题。而教师在数学教学中常把这种思维直接系统化成一种新的学习思维——转化思想。在数学教学中处处体现转化思想的应用，真正做到了"随风潜入夜，润物细无声"。下面著者以《数学》五年级上册为例，对如何在教学中渗透与运用转化思想，谈三点个人的感悟。

1. 巧用转化思想进行计算教学

转化思想在计算教学中应用广泛。例如，教师在进行"小数除法计算"教学时，就是通过转化将小数转化成整数再进行计算，达到化新知为旧知的目的。

例如，王鹏坚持晨练。他计划 4 周跑 22.4 千米，平均每周应跑多少千米？

我们可以把小数化成整数，22.4km=22400m，22400÷4=5600（m），5600m=5.6km

例如，奶奶编中国结。编一个要用 0.85 米丝绳。那么 7.65 米的丝绳可以编几个中国结？

我们可以把除数和被除数都转化成整数，再用整数除法的方法进行计算，如图 2-33 所示。

图 2-33

从以上例子可以看出，教师在引导学生计算小数除法时，通过把小数转化成整数进行计算，使学生体会到新旧知识间的相互联系，初步感受到转化思想在学习中的作用。教师应在教学中逐步渗透转化思想，引导学生从有单位的计算向无单位的计算发展，以激发学生进一步思考，在没有单位的小数除法计算时，是否也可以直接把小数转化为整数来计算。

2. 巧用转化思想进行解方程

除了在计算教学中广泛渗透转化思想，教师在解方程的教学中，也渗透了转化思想。例如，教材在"解方程"一课的内容中，安排了从图形形式向数字形式转化，借助天平的平衡原理让学生在探索中发现解方程的原理，通过数形结合进一步提升转化思想的应用，并上升到符号化高度。我们认为教材这样设置是有目的、有层次的。首先是"等式的性质"教学，其次是"解方程"的教学，最后是"用方程解决实际问题"的教学。教学一步一步地由形向数转化，由数向符号转化，又从符号化的设 x 向解决问题的方法转化。

教材在内容的编排上，采用了从无到有，从横向发展到纵向发展的提升。从计算教学中的转化思想的渗透，接着到方程教学的表、数和符号化的转化思想的逐渐深入，是学生认识上的一次飞跃，使学生的认识不仅仅停留在粗浅的数字转化上，进而发现在实际生活中可以有更多的转化思想的应用，为后续的学习做好了坚实的铺垫。

3. 巧用转化思想进行几何图形教学

转化思想从计算教学和解方程的教学过程中经历了渗透与提升，到几何图形的面积计算这部分内容就到了应用它的时候。教材的设置不仅仅从知识迁移方面简单地突破多边形面积的计算教学，而是细致认真地从一开始就铺垫好了转化思想，再引导学生把知识从未知领域转向已知领域。教材设置了"平行四边形的面积计算""三角形的面积计算"和"梯形的面积计算"等内容，是让学生借助转化思想来学习新知的。教师在教学"组合图形的面积"一课时，又从简单的转化应用引向更复杂的转化思想的应用，使学生熟练掌握转化思想与方法。

平行四边形面积的计算是以长方形的面积计算和平行四边形的底和高为基础，再运用转化思想，将平行四边形面积计算等内容纳入原有的认识之中。另外，平行四边形面积计算这一内容学得如何，又直接与后面三角形和梯形面积计算有着直接关系。教材在内容的设置上，不只是在数方格的基础上进行教学，还引导学生应用割补法，平移法把平行四边形转化为长方形，并分析它与长方形的联系，再从长方形面积计算公式中推导出平行四边形的面积计算公式。随着教学的逐渐深入，转化思想显得更加重要。

由此可见，任何一种新的数学知识，总是原有知识发展和转化的结果。数学教材从知识的安排到教学的设置都是把转化思想作为一个隐性的点，贯穿在整册的内容中，形成一条看似无形却有形的"主线"。转化思想在教材中从"渗透""提升"到"运用"，充分发挥转化思想的作用来学习新知。所以，我们要真正理解教材意图，不要让转化思想仅仅停留在教学的表面上，要真正体现它的价值。

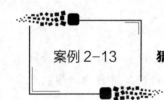

案例 2-13　　**猜想在验证中排除和转化在探究中应用**
　　　　　　——刘德武执教"平行四边形面积"的片段

2014 年 7 月 22 日上午，在福清进修学校学术汇报厅里召开了福建省教育学会小学数学研究会年会。在年会上，著者有幸聆听了全国著名特级教师刘德武老师的讲座，其高超的教学艺术令所有参会教师折服。他在介绍如何讲授"平行四边形面积"一课时，其独到设计、灵动思考、巧妙练习，给我们留下深刻的印象。

[教学片段] 猜想在验证中排除

师：长方形面积公式是什么？正方形面积公式是什么？

生：长方形面积＝长 × 宽，正方形面积＝边长 × 边长。

师：平行四边形面积怎样计算呢？

（出示一个标准的平行四边形图，如图 2-34 所示）

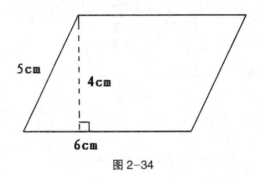

图 2-34

师：猜一猜，这个平行四边形的面积如何计算？

生 1：我的猜想是：平行四边形的面积，可用 6×5=30（平方厘米）进行计算。

生 2：我的猜想是：平行四边形的面积，可用 6×4=24（平方厘米）进行计算。

生 3：我的猜想是：平行四边形的面积，可用 5×4=20（平方厘米）进行计算。

（教师根据学生回答，板书三个算式，同时在每道算式后面加了一个问号）

师：三种情况都正确吗？

生：不可能，只能有一个正确，或者也可以是都不正确的。

（教师出示：1 平方厘米的方格）

师：大家估测一下，这个平行四边形的面积大约是多少？

生1：大约 20 平方厘米。

生2：大约 25 平方厘米。

师：能停留在估测上吗？

生：不能。

师：将 1 平方厘米的方格填入这个平行四边形（图 2-35），填入后的方格是多少平方厘米？

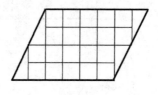

图 2-35

生：20 平方厘米。

师：这样，我们就可以排除哪一个算式？

生：第三个算式 5×4=20（平方厘米），因为它的面积比 20 平方厘米大。

师：[把 5×4=20 算式后的"？"改为"×"。继续出示方格（图 2-36）] 再看多媒体演示，它一共有多少个方格？

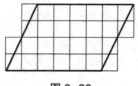

图 2-36

生：28个方格，28平方厘米。

师：这样我们可以排除哪一个算式？

生：6×5=30（平方厘米），因为这个平行四边形的面积比28平方厘米小。

师：第一个算式排除，第三个算式排除，能不能说明第二个算式就对了？

生：不能。

师：看，我们用多媒体动画再演示一下，把它们移到相应的位置，正好补成了24个小方格（图2-37），这里的6和4分别指什么？

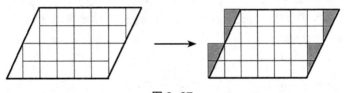

图2-37

生：6是平行四边形的底，4是平行四边形的高。

师：那么平行四边形的面积应怎样计算？

生：平行四边形面积＝底×高。

师：研究数学没有国界，用汉字表示，外国小朋友看不懂，我们可以用字母表示：$S=a×h$。

【评析】

听了刘老师这一片段的教学，我们领悟到刘老师独到的教学设计和先进的教学理念。刘老师能依据学生已有经验，先帮助学生回忆了长方形和正方形的面积计算方法，为学生学习平行四边形的面积计算公式打好基础。在教学时引导学生猜想，采用"猜想—验证—排除"的方法，激发学生的学习兴趣，引导学生主动参与"猜想—验证—排除"的探究过程。首先，在平行四边形图形上出示 4 cm、5 cm 和 6 cm 三条线段的长度，然后让学生猜想，究竟用哪两个数相乘可以得出平行四边形的面积。当学生提出三种猜想后，再用标准的 1 平方厘米去验证。从内部看，这个平行四边形面积比 20 平方厘米多，排除第 1 个算式；从外部看，比 28 平方厘米少，排除第 3 个算式。其次，采用平移的方法，把平行四边形内部的小方格进行"合并"，得到标准的 24 个方格，即 24 平方厘米，从而得出正确的结论。最后，引导学生观察，6 cm 就是平行四边形的底，4 cm 正是平行四边形的高，为推导平行四边形的面积计算公式打下了坚实的基础。而且这个结论不是老师告诉他们的，而是学生通过积极参与、主动探究，即通过"猜想—验证—排除"的方法得来的，这样，学生对平行四边形面积公式的印象就会深刻，这种方法值得我们一线教师学习和借鉴。

[教学片段]　转化在探究中的应用

师：人们研究事物不能只通过一条途径，要想证明一个结论是否正确，我们应尽可能通过更多的途径去验证。想一想，还可以怎么办呢？

生：和刚才一样，把平行四边形变成一个长方形。

师：那么，怎样把平行四边形变成一个长方形？请大家拿出平行四边形纸片，动手操作把它变成一个长方形吧。好，大家开始动手吧！

（教师指名汇报）

生：把平行四边形分成一个三角形和一个直角梯形，然后平移过去，即可变成一个长方形（图 2-38）。

师：这位同学用了"平移"一词，非常好！请同学们想象一下这个平移的过程。

（用动作比画一下，"走你"！连续动画，学生非常开心地和老师一起"走你"！）

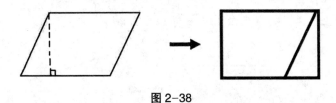

图 2-38

师：平行四边形有多少条高？

生：无数条。

师：我们还可以怎样分一分，再平移？

生：也可以把平行四边形分成两个直角梯形，然后再平移过去（图 2-39）。

师：请同学们先想象一下，把这个直角梯形平移过去。

（用动作比画一下，"走你"！）

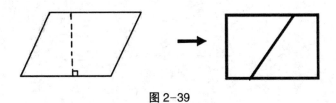

图 2-39

（引导学生认真观察原来平行四边形和平移后的长方形）

师：它俩之间什么变了，什么不变，还有什么联系？

生：形状变了，而面积不变。

师：它俩之间还有什么联系？

生：平行四边形的底等于长方形的长，高等于长方形的宽。

（多媒体出示名称，同时动画闪动线段之间的对应关系）

师：平行四边形面积＝长方形面积，那么，平行四边形面积应该怎么求？

生：平行四边形面积＝底×高。

师：平行四边形除了这样画高，还可以怎样画？

生：沿另一条底画出一条高（图2-40）。

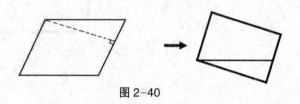

图2-40

师：请同学们想象一下，把这个直角三角形平移下去，还可以画出另一条高吗？

（用动作比画一下，"走你"！）

生：沿中间画一条高（图2-41）。

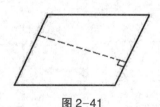

图2-41

师：观察平行四边形和长方形之间有什么联系？

生：平行四边形的一条底等于长方形的宽，高等于长方形的长，而面积不变。

（多媒体出示名称，同时动画闪动线段之间的关系）

生：平行四边形面积＝底×高。

生：我发现，可以用不同的底和高求出平行四边形的面积。

师：所以，我们应该注意平行四边形的面积为底×高（底所相对应的高）。

师：刚才，我们通过平移的方法求出平行四边形的面积，可不可以通过旋转的方法将它变成一个长方形？

（有一个学生举手，教师让他走上讲台）

生：找到一边的中点，画一条线，把上面一个小三角形旋转180°到下面，再找到另一条边的中点，画一条线，把下面的小三角形旋转180°到上面（图 2-42）。

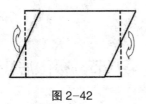

图 2-42

师：我们一起来看一看，是不是可以变成一个长方形了。

（学生自发为他鼓掌）

师：数学就是这样奇妙，我们是怎样根据长方形面积公式推导出平行四边形面积公式的？

生：平行四边形的底等于长方形的长，高等于长方形的宽，面积不变。根据长方形的面积 ＝ 长 × 宽，可得出平行四边形面积 ＝ 底 × 高。

【评析】

教学时，刘老师先放手让学生独立思考、动手操作、合作交流，激发起学生的参与意识。许多学生会把一个平行四边形通过剪拼变成一个长方形，进而发现了平行四边形变成长方形。刘老师引导学生通过"平移"和"旋转"两种不同策略，以及用"平移"的方法研究了不同底和高的情况，从不同方向作高，隐含着两种对应的"底和高"，渗透了平行四边形"每组底和高"的特征。刘老师还不满足于此，为拓展学生的思路，还介绍了"旋转"的策略，让学生通过动手操作、观察发现、想象推理，将平行四边形转化为面积不变的长方形，并突出底与高之间应该是对应关系，从而推导出平行四边形面积的计算公式。在这一过程中，刘老师考虑得非常细致、条理非常清楚、教学非常有效，不但突出了学生的主体作用，还让学生体验了平行四边形面积公式的推导过程，也注重渗透转化、一一对应、辩证等数学思想与方法，这些都值得教师去学习和借鉴。

第八节　极限思想

极限思想是微积分的基本思想，用以描述某个无限变化过程的终极状态，是其他相关数学分支（如复变函数、实变函数）的理论基础。极限思想也是人们从有限中认识无限，从近似中认识精确，从量变中认识质变的一种数学思想与方法，是事物转化的重要环节，可以将某些数学问题化难为易，避免一些复杂运算，从而探索出解题方向或转化途径。因此，我们在数学教学中应逐步渗透极限思想。

一、对极限思想的认识

在极限思想中，渗透着变量与常量、有限与无限、曲与直、变与不变的对立统一关系，是唯物辩证法的对立统一规律在数学领域中的应用。我们知道，多边形的面积直接用公式就可以计算出来，而如果其中有的直边变成曲边，就无法直接用多边形的面积公式计算，就要用定积分来求解了。如曲边梯形（直角梯形的斜边是曲边）的面积计算，需要把曲边梯形平均分成 n 个小曲边梯形，在每个小曲边梯形里取一个最大的小矩形，这时 n 个小矩形的面积的和近似等于 n 个小曲边梯形的面积的和，当 n 越来越多时，小矩形的面积的和就越来越接近于相应曲边梯形的面积。当 n 趋向于无穷大时，如果极限存在，我们将它记作 S，最后 S 就等于所有的小曲边梯形的面积的和，那么就得到了曲边梯形的面积是 S。这是从有限的曲边梯形的面积中找到无限个小矩形的面积，再从无限个小矩形的面积的无限变化中回归到曲边梯形的有限的面积的过程，体现了有限与无限、曲与直相互转化的辩证思想。因此，极限思想对于培养学生初步的辩证思维是大有裨益的。

我们知道，在小学数学里有些问题不是通过初等数学的方法解决的，如圆的面积无法直接按照求长方形面积的方法来计算。我国古代数学家刘徽为了计算圆的面积和圆周率，曾经首创"割圆术"，也就是用圆内接正多边形的面积去无限逼近圆面积并以此求取圆周率的方法。刘徽在描述这种做法时说，割之弥细，所失弥少，割之又割，以至于不可割，则与圆周合体而无所失矣。也就是说，随着正多边形的边数无限增加，圆就转化为无限的圆内接正多边形（即化圆为方），这种思想就是极限思想，即用无限逼近的方式来研究数量的变化趋势的思想。

二、极限思想在教学中的应用

极限是用来描述变量在一定的变化过程中的终极状态的概念，极限思想是一种重要的数学思想，所以需要我们从小学阶段就要开始向学生渗透了。所谓的极限思想，是有限向无限的延伸，是通过量变达到质变的，极限思想可以培养学生的空间想象能力，提高学生的抽象思维能力。我们可以借用极限思想来简化问题，帮助学生分析问题并解决问题。教师在教学"圆的面积"时，应注重向学生渗透极限思想，让学生体会到"化圆为方""化曲为直"的解题思路，通过自主探究、合作交流推导出圆面积的计算公式。大部分学生都是先把圆分成相等的两部分，然后把两个半圆8等分、12等分、16等分等，并把它剪开，再拼凑成近似于平行四边形或长方形的图形。而推导过程是学生通过动手操作、小组合作交流得出来的。教师可运用课件演示验证过程，强调可以将圆64、128等分以及更多等分，让学生感受到这是一种用"无限逼近"的方法来推导圆的面积计算公式的过程，感受到把圆等分的份数越多，"弧"就越接近于"直"，拼成的图形越接近于长方形或平行四边形。这时长方形或平行四边形的面积就越接近圆的面积了，从而使学生初步感受到极限思想。

虽然极限思想相对于小学生而言在理解上比较困难，但并不代表小学生不能理解极限思想。学生对极限思想的认识是一个螺旋上升的过程，只要教师能针对学生的特点，结合他们所学的知识合理地渗透，便可以帮助学生轻松地掌握极限思想，发展学生的抽象思维能力，让学生在以后的学习中不会对极限思想产生畏惧心理。

案例 2-14　　**极限思想在教学中的渗透**

极限思想在现代数学等学科中有着广泛的应用，因此，我们在数学教学中应注意渗透极限思想。

1. 极限思想渗透于数的认识之中

小学生从一年级开始就认识自然数 0, 1, 2, 3, …, n, 同时知道每个自然数加 1 就等于它的后继数。到了认识亿以内的数时, 他们进一步知道了最小自然数是 0, 没有最大的自然数, 自然数的个数是无限的。也就是说, 任意给定一个足够大的自然数 n, 只需要把它加 1 就会得到一个更大的自然数 $n+1$, $n+1>n$, 所以总是找不到一个最大的自然数, 从而体会到自然数数列的无限多和趋向无穷大。由此可以推导出奇数、偶数、一个数的倍数、两个数的公倍数等都没有最大的, 都有无限个。在学习分数的基本性质时, 学生知道分母不同、分数值相等的分数有无限个。学生在学习小数时, 首先认识的是有限小数, 然后认识无限循环小数及无限不循环小数 (如圆周率)。

2. 极限思想渗透于公式推导之中

曲线形与直线形有着本质的差异, 但在一定条件下也可相互转化。善于利用这种对立统一关系是处理数学问题的重要手段之一。为此, 教师在推导图形面积公式时, 应明确 "化曲为直" 是推导圆柱体积公式的基本思想, 在 "推导圆柱体积公式" 的过程中渗透隐藏的极限思想。

例如, 教师在教学 "圆柱的体积" 一课时, 应引导学生回顾在图形面积和体积公式的推导过程中经常运用的数学思想是什么。当学生说出转化思想时, 教师接着引导学生思考圆柱如何能转化成已知的图形。学生根据已学过的知识, 开始思考把圆柱切成一个个底面是扇形的立体图形。教师利用课件进行演示, 刚开始把圆柱均分成四份, 发现拼成了一个底面近似平行四边形的立体图形，随着切的份数越来越多，拼成的图形越来越接近长方体，教师提出问题：如果一直这样分下去，拼出的结果会怎样？学生借助课件直观图形的帮助，发现如果一直这样分下去，拼成的图形就是一个长方体。为此，这个过程中从"分的份数越来越多"到"这样一直分下去"的过程就是体会"无限"的过程，"图形就真的变成了长方体"就是最后的结果。学生经历了从无限到极限的过程，经历化生为熟、化难为易、化曲为直、化圆为方的探索过程，感悟到数学的转化思想、极限思想。

3. 极限思想渗透于概念形成之时

小学数学教材中有许多知识点会涉及数量无限多的情况。学生在学习"自然数""奇数""偶数"这些概念时，教师可让学生体会自然数是数不完的，奇数、偶数的个数有无限多个，循环小数的小数点后面的数字是写不完的。另外，在几何概念中有许多概念是具有无限性的，如直线、射线、角的边、平行线的长度等，它们都是可以无限延伸的。从这些方面能让学生初步体会无限思想，教师在教学时都应该进行有机地渗透。

例如，教师在教学"射线的初步认识"一课时，可先让学生复习，回顾线段与直线的相关知识，为认识射线做好铺垫，同时让学生在白纸上画一条3厘米长的线段，并让他们阐述线段有什么特点。如果线段两端无限延长，得到是什么？让学生明白直线可以向两个方向无限延长。教师引导学生认真观察多媒体的演示：用红外线手电筒照射出一束光线，若将光线照射向天空，没有受到阻碍的话，光线会到哪里？请大家想象一下并把它画出来，再指名汇报并说出理由。然后，教师指出这就是今天我们要学的射线，那么，它有什么特点呢？让学生明确射线的特点是只有一个端点、可以向一个方向无限延长、不可度量。最后，让学生独立思考：是否能比较射线与直线的长短？从而使学生体会到它们都是可以无限延长的，所以无法比较。这样，通过学生独立思考、动手画一画、相互交流，建立起对"射线"与"直线"在认知上的矛盾，使学生轻松地建立了对"直线""射线"的"无限"的空间感观，真实、自然又不失严密，同时在教学中也渗透了极限思想。

4. 极限思想渗透于习题计算之中

学生要掌握任何一种数学思想，绝非一朝一夕的事，只有通过不断地训练去逐渐掌握它。教师在计算教学中也会遇到极限的问题，比如在除法计算中存在除不尽的现象，此时就产生了极限思想。

例如，教师在教学"小数除法"一课时，除了让学生理解算理、掌握算法之外，还要引导学生体会有限与无限的思想。例题 1～6 通过计算让学生分层次感受商的有限。例题 1：$22.4 \div 4 = 5.6$，商正好算到被除数的十分位。例题 2：$28 \div 16$，算到被除数个位 8 的时候还有余数，教师可引导学生在被除数的末尾添上 0 继续往下除，直到没有余数。到此学生对商有了初步的感知，商的小数位数是有限的。例题 7～8，是解决生活情境的问题，在计算时，学生产生困惑，怎么算了好几步还有余数，而且余数还都是一样的。他们开始提出疑问：商好像除不尽？教师可以引导学生观察除法算式，发现：商从某一位起出现一个数字或者几个数字依次不断重复出现时，我们要抓住关键词"依次不断"和"重复出现"引导学生深入理解，从而得出了循环小数，感受从有限到无限的思想，让学生体会极限思想。

第九节　模型思想

《课程标准（2011 年版）》指出："模型思想的建立是学生体会和理解数学与外部世界联系的基本途径，建立与求解模型可以提高学习数学的兴趣与应用意识。"这不仅表明了数学模型的应用价值，也明确了建立小学数学模型是数学应用和解决问题的核心。因此，教师教学时，应培养学生的模型思想。

一、模型思想的意义

数学中的模型思想是指对于现实世界的某一特定对象，从它特定的生活原型出发，充分运用观察、实验、操作、比较、分析、综合概括等方法，得到简化和假设。它是把生活中实际问题转化为数学问题模型的一种思想与方法。数学模型是运用数理逻辑方法和数学语言建构的科学或工程模型。随着人们使用数字，就不断建立各种数学模型，以解决各种各样的实际问题。

二、对模型思想的认识

《课程标准（2011 年版）》在课程内容部分中明确提出了"初步形成模型思想"，并具体解释为"模型思想的建立是帮助学生体会和理解数学与外部世界联系的基本途径"。同时在教材编写建议中提出"教材应当根据课程内容，设计运用数学知识解决问题的活动"。鉴于此，从课程的角度正式提出了模型思想的基本理念和作用，并明确了模型思想的重要意义。这不仅表明了数学的应用价值，同时明确了建立模型是数学应用和解决问题的核心。

信息化、数字化和大数据的应用，对数学思想与方法产生了重大影响，如建模思想、算法思想、推理思想、统计思想等会得到进一步的重视和发展。因此，数学模型在日常生活中将得到更加广泛的应用。

三、模型思想的主要类型

模型思想包括建立模型和求解模型两个部分。其中，建立模型是从现实生活或具体情境中抽象出数学问题，用数学符号建立方程、函数等模型，是生活问题或具体情景的数学化过程。求解模型是解决数学问题的过程，即利用已学习的基本知识解决习题以及各种课外问题。因此，教师在教学中要根据学生的认知水平和生活经验，重视生活问题的抽象概括和数学化的过程，为模型思想的初步渗透和建立奠定思维基础。小学阶段的基本数学模型主要有"加法模型""乘法模型""函数模型""方程模型"，其中，教师在数的运算教学中，可以进行"加法模型""乘法模型"等思想的渗透；在周长、面积、体积等教学中，可以进行"函数模型"思想的渗透；在简易方程知识的教学中，可以进行"方程模型"思想的渗透。

四、模型思想的应用

小学数学教学实际上可以看作数学模型的教学。例如，教师在长方形周长的计算教学中就可以创设问题情境，学生根据问题情境建构实际模型、建立表象，理解长方形的长和宽与周长之间的数量关系，把握问题的本质，从而把实际问题转化成数学问题，找出求周长的计算方法。在整个过程中，教师应重视"问题情境—建立数学模型—解释与应用"的基本过程，引导学生主动参与、亲身实践、独立思考、合作探究，实现了学习方式的转变，改变了单一的记忆、接受、模仿的学习方式，同时也培养了学生的主动学习能力。

五、模型思想的建构

数学模型的特点是具有高度的抽象性、严密性，但是小学生的思维认知以形象思维为主，因此小学阶段的模型建构除了抽象性、简约性、精确性，还需要直观性。那么，教师在数学教学中，如何构建数学模型呢？这是我们不断探究与思考的问题。

（一）在概念教学中，构建数学模型

数学概念的形成应注重向学生提供感性材料，如学生熟知的生活实例、实物等，让学生通过观察、操作、分析、对比、抽象出对象的本质，从而形成概念。学生在形成概念后，我们应注重引导他们建立相对应的模型。例如，在教学"三角形三边的关系"一课时，教师做了以下处理。第一步：实践操作，初步建构。教师课前为每个小组的学生准备了10厘米、6厘米、5厘米、4厘米长的四根小棒，让学生从四根小棒中任意选出三根小棒。学生通过小组合作、动手操作、互动交流、观察后发现，有的小棒能围成三角形，有的却无法围成三角形，通过观察比较后学生得出初步结论：当"两边之和大于第三边"时，就能围成三角形。第二步：冲突质疑，深入建构。教师选择"5厘米、10厘米、4厘米"的三根小棒让学生思考："这三根小棒能否围成三角

形？"学生根据刚才操作得出的结论，大部分学生纷纷表示可以，因为"5+10>4"；只有一部分学生开始犹豫，因为"4+5<10"。那么，到底能不能围成三角形呢？此时学生对于操作已经迫不及待了，都想立刻验证自己的观点是否正确。操作完成后，教室里出现了短暂的安静，刚才认为能围成三角形的学生开始了思考，并把刚才能围成三角形的小棒拿出来比较，很快发现了要想围成三角形必须"三组的两边之和都要大于第三边"，也就是"任意两边之和大于第三边"，此时，教师不需要太多的言语，学生已经发现问题并通过操作深刻理解了"任意"的含义："任意两边之和都大于第三边"。通过一系列的活动，教师引导学生感知、理解，建立"任意两边之和都大于第三边"的模型。因此，教师在进行概念教学时应充分利用数学模型，让学生理解、感悟，建立模型后再进行下一环节的教学，这样学生就会越来越喜欢数学了。

（二）在计算教学中，构建数学模型

计算教学是小学数学教学中的一项重要组成部分，如何利用知识间的关系掌握知识点，这就需要教师善于观察发现其中蕴含的模型思想，再利用知识间的联系建立数学模型，从而内化知识。教师在计算教学中要注意归纳计算法则，再构建数学模型。计算法则对提高学生的计算能力帮助很大，尤其一些学习成绩中下的学生更是受益，若能掌握计算的法则与方法，计算速度和准确率也会大大提高。如，教师在教学"三位数乘以两位数"时，重点要让学生明白积是怎样得到的，其末位该怎样定位，为什么这样定位。教学时，我们往往让学生先尝试计算，然后再让学生阐述计算的步骤，每一步的依据是什么？最后引导学生归纳概括出乘数是两位数的乘法法则：

（1）先用第二个因数个位的数去乘以第一个因数，得数的末位和因数的个位对齐。

(2) 再用第二个因数十位的数去乘以第一个因数，得数的末位和因数的十位对齐。

(3) 最后将两次乘得的数加起来。

通过概括三位数乘以两位数的计算步骤，就构建了计算的模型。

(三) 在公式推导中，构建数学模型

《课程标准 (2011 年版)》指出，要"注重学生经历从实际背景中抽象出数学模型，从现实生活空间中抽象出几何图形的过程"。数学模型的构建过程类似于数学家建模的再创造过程，根据课程标准的理念，学生的学习过程不仅是一个探究的过程，更是一个再创造的过程。小学数学几何形体的面积与体积等计算公式的推导过程，就是让学生在头脑里建立模型的思想，掌握计算方法与所需要的条件，然后运用计算方法去解决日常生活中的实际问题。例如，教师在教学"平行四边形的面积"时，首先让学生用课前准备好的平行四边形纸片和剪刀进行剪拼，再指名汇报，并引导学生通过剪—移—拼的过程，把平行四边形转化成长方形。其次引导学生观察比较原来平行四边形与转化成的长方形有何区别，它们之间有什么联系。最后推导出平行四边形的面积＝底 × 高。从而建立起平行四边形的面积计算的模型，并灵活运用这个公式去解决在日常生活中有关平行四边形的面积计算的问题，以加深学生对所学知识的理解。

(四) 在探索规律中，建构数学模型

探索规律实际上就是培养学生的模型思想，发现一个规律就是发现一个模式，并能够用多种方法表达"模式"的特点。《课程标准 (2011 年版)》指出，在数学教学中应当引导学生感悟

建模过程，发展模型思想。在教学中，教师可以从学生熟悉的生活情境和已有的经验出发，引导他们经历将实际问题初步抽象成数学模型并进行解释与运用的过程，进而对数学有更加深刻的理解。

例如，教师在教学"乘法分配律"一课时，应引导学生经历探索过程，让学生自主构建模型。第一步，让学生尝试用不同的方法解决问题。然后引导学生观察等式，并指出自己的发现。第二步，让学生结合自己的发现尝试着写出类似的等式，并引导学生进行观察比较。第三步，让学生再举出一些这样的例子，引导学生感受到这样的例子是举不完的。这时，教师让学生观察黑板上的许多的等式。教师问：这些等式数据各不相同，但它们有一点是相同的，是什么呢？学生：它们左边的算式都是先加再乘，右边的算式是先把两个加数分别乘共同的因数后再加。教师再追问：能讲一讲相等的道理吗？在学生充分感悟的基础上，师生再共同用语言来描述规律，引导学生自主构建模型，并概括出用字母表示的模型，即 $(a+b) \times c = a \times c + b \times c$。

（五）在解决问题中，构建数学模型

学生解决一个问题，就是一个利用已有数学模型解决问题的过程，从具体的问题抽象、提炼、构建出相应的数学模型，并不是学生认识的终点。建立模型后，教师还要将数学模型还原到具体的数学情境问题中，使已经构建的数学模型得以扩充和提升。如，教师在教学"三位数乘以两位数"一课时，在学生三年级就知道的"单价 × 数量 = 总价"这一基本模型的基础上，安排了两道例题："1. 篮球每个80元，买3个多少钱？2. 鱼每千克10元，买4千克要多少钱？"那么，这两道例题有什么共同点？教学中要如何引导学生建立模型呢？教师呈现例题后，引导学生认真观察与思考，并描述题中的情境。通过描述，学生知道了这两道题是关于总价的问题,并明确了单价、总价的概念。学生建立了这些概念后,再让他们找一找题中的数学信息,明确单价、数量与总价之间的关系是"单价 × 数量 = 总价",从而建立模型。之后,还有"速度 × 时间 = 路程""总价 ÷ 数量 = 单价""总价 ÷ 单价 = 数量""路程 ÷ 时间 = 速度""路程 ÷ 速度 = 时间"等数学模型。

总之,小学数学教学应该使学生感受到数学模型是无处不在的,我们应从一年级开始,恰当地结合日常教学活动,渗透数学模型思想,使学生体会到建立模型、探究模型、应用模型是学习数学的本质。

案例 2-15　　**经历建模过程,感受模型思想**

《课程标准(2011 年版)》指出:"数学教学应该从学生已有生活经验出发,让学生亲身经历将实际问题抽象成数学模型并理解运用。"而数学模型不仅为数学表达与交流提供有效途径,也为解决现实问题提供重要工具,还可以帮助学生准确理解数学存在的意义。因此,教师在教学时应从不同角度去引导学生,加强数学建模思想的渗透,让学生经历数学模型的构建过程,感受模型思想的作用,培养学生通过模型去分析并解决实际问题的能力。在教学中引领学生经历"感知模型—建构模型—应用模型—拓展模型"的过程,感受数学的内在魅力。

1. 在情境中感知数学模型

数学模型是经过抽象后用符号和图形表达空间形式的，我们更重视分析、抽象的过程。根据课程标准的要求，学生的学习过程不仅是一个探究的过程，更是一个再创造的过程。教师在教学时应注重创设情境，为学生提供丰富的感性材料，经历再创造的过程，也为准确建模提供可能。例如，教师在教学"分数的初步认识"一课时，为了帮助学生建立分数模型，首先，先创设分东西的情境，将四个苹果平均分成两份，让学生思考每份是多少个？让学生回忆除法的意义。再将两个苹果平均分成两份，每份是多少个？让学生列出除法算式，建立"平均分"的概念。接着通过一个苹果平均分成两份，每份是多少个？让学生感受到一个不够分时，该怎么办呢？从而产生了困惑，这样就自然而然地引出了分数的概念。平均分成的份数就是分数中的分母，取其中的一份或几份就是分数中的分子，这样就初步建立了分数的模型。再让学生对其他分数进行描述，就能结合实际情况表达分数的意义。

创设贴近学生日常生活实际的情境，能激发学生的学习兴趣，在学生的头脑中激活已有的生活经验，可以让学生通过积累的经验来感受生活中隐藏的数学问题，从而促使学生将生活问题抽象成数学问题，感知数学模型的存在。

2. 在探究中建构数学模型

数学家华罗庚曾说过，对书本中的某些原理、定律、公式，我们在学习的时候不仅应该记住它的结论、懂得它的原理，而且还应该设想一下人家是怎样想出来的，怎样一步一步提炼出来的。只有经历这样的探索过程，数学的思想和方法才能更好地沉积、凝聚，从而使知识具有更大的价值。动手实践、自主探索与合作交流是学生学习数学的重要方式，因此，教师在教学时要善于引导学生通过自主探索、合作交流，从学习过程、学习材料中发现问题，能主动归纳、提升，力求建构出容易理解的数学模型。

例如，教师在教学"烙饼问题"一课时，可以分成三个步骤建构数学模型。

第一步，初步体验优化的思想。让学生自主探索"烙2张饼至少需要多少时间"这一问题。学生在辨析中很容易明白：同时烙2张饼需要6分钟。"如何尽快烙好3张饼"是本课教学的关键点，也是难点，我们在探究3张饼的最优烙法时，可让学生借助学具，再结合课件演示两种烙法的对比，发现：充分利用锅内的空间，使得每次锅里同时烙两张饼，这样最节省时间。学生在直观中思考、在自主探究中发现，从而感悟统筹思想的真谛。

第二步，探索优化的规律。引导学生通过列表法探索不同饼数的烙饼时间，小组讨论并思考烙双数张饼（表2-8）和单数张饼（表2-9）的时间及规律。

表2-8 探究双数张饼的烙法

饼数	烙饼的方法	次数	时间	饼数	烙饼的方法	次数	时间
4	2+2	4	12	8	2+2+2+2	8	24
6	2+2+2	6	18	…	…	…	…

表2-9 探究单数张饼的烙法

饼数	烙饼的方法	次数	时间	饼数	烙饼的方法	次数	时间
5	2+3	5	15	9	2+2+2+3	9	27
7	2+2+3	7	21	…	…	…	…

第三步，总结优化的方法。教师组织学生观察数据并寻找规律，在反馈交流时提炼出最优方法：总时间 = 饼数 × 烙一张饼的时间。不仅让学生领悟到数学方法的精巧和数学思考的美妙，而且让学生在具体的问题情境中自主探究，逐步发现解决问题的最优方法，这一探究过程就是构建数学模型的过程。

学生在主动探究中经历猜测与验证、分析与归纳、抽象与概括的数学思维过程。同时，也让学生在探索新知中充分体验了数学模型的形成过程，建构出他们容易理解的数学模型。

3.在解决问题中构建数学模型

从具体的问题中抽象、提炼，最后构建出相应的数学模型，这不是学生认识的终点，而是构建数学模型的延续。建立模型后，教师还要将数学模型还原为具体的数学情境问题，使已经构建的数学模型得以拓展与提升。例如，教师在教学"求比一个数多（少）几的应用题"一课时，可让学生通过操作去理解并掌握求比一个数多（少）几的应用题的数量关系（大数 − 小数 = 相差数，小数 + 相差数 = 大数，大数 − 相差数 = 小数），并尝试运用数量关系来解决相关的问题。本节课的教学难点是学生能否归纳、理解、应用数量关系。教学时教师先复习旧知：三（1）班得了12面小红旗，三（2）班得了15面小红旗，三（2）班比三（1）班多得多少面小红旗？学生归纳得出：大数 − 小数 = 相差数。可让其初步感知模型。教师接着出示例题：三（1）班得了12面小红旗，三（2）班比三（1）班多得3面。三（2）班得了多少面小红旗？学生通过摆圆片，得出12+3=15（面）。教师引导学生找出大数、小数和相差数，学生得出大数和小数分别是三（2）班和三（1）班，相差数则是多的3面红旗，教师接着追问：能用一个数量关系式来表示如何求三（2）班得了多少面小红旗吗？学生根据直观图很容易得出：小数＋相差数＝大数。教师改变例题：三（2）班得了15面小红旗，三（2）班比三（1）班多得3面。三（1）班得了多少面小红旗？学生先用圆片摆一摆，找到大数和小数，再归纳出等量关系式：大数－相差数＝小数。教师追问：为什么条件都是三（2）班比三（1）班多得3面，但其中一道题用加法而另一道题用减法来计算呢？通过比较，学生学生发现第一道题是求大数所以用加法，第二道题是求小数所以用减法。最后教师设计相关习题，让学生不摆圆片，运用等量关系式进行解答，深化学生对数学模型的理解。

4. 在实际应用中拓展数学模型

我们建立数学模型的目的主要是用于解决日常生活中的实际问题，让数学知识回归生活之中，让学生能体会到数学模型在日常生活中的应用价值，从而进一步培养学生应用数学知识解决实际问题的能力，体验实际应用所带来的快乐。

例如，当学生学习了"乘法的初步认识"之后，教师出示班级座位图（图2-43），请大家算出这个班一共有多少学生。学生列出乘法算式，每组都是8人，6个组就是6个8，列式为：8×6或6×8。学生再根据乘法的意义，构建起解决问题的乘法模型。学生通过解决这样的实际问题，能使乘法模型更加明晰，凸显乘法的实际应用价值。教材在学生学习了"植树问题"之后，出示变式题：从1楼走到4楼共要走48级台阶，如果每上一层楼的台阶数都相同，那么从1楼到8楼共要走多少级台阶？学生在掌握了植树问题中的三种植树类型后，学生能通过"把什么看作棵树，什么看作间隔数"的引导，运用规律去解决问题，学生在淡墨无痕中建立了解决这类数学问题的数学模型，充分领悟到了数学建模思想的价值，从而用数学知识去解决实际问题。同时也培养了学生的数学意识，使学生能在应用过程中发现新问题、同化新知识，并构建解决这类数学问题的数学模型。

毕淑华	赵会芳	赖群毅	李从林	张鹤翔	王丽卿
杨红	徐翠芬	纳红	张坚	施文庆	李承谦
杨启	向建荣	沙志昭	胡孟祥	张淑珍	徐丽华
王玮	王旭辉	段文林	李炬	梁应珍	张宁一
袁丽梅	保世森	刘惠琼	葛宝云	李英明	郭倩
代云峰	郎俊	文德成	王爱华	杨文兴	王竹蓉
刘勇	林效先	陈萍	李春燕	祝生	杨艳梅
张贵金	李平	解德培	张晓祥	白雪花	杨为民

图 2-43

在小学阶段，教师通过引导学生经历建模过程，既可让学生加深对数学知识和方法的理解，也可调整学生的知识结构，深化知识层次。因此，教师教学中要用"活"教材，让学生经历数学建模过程，感受数学的内在魅力。

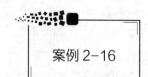

案例 2-16　　　　　**渗透模型思想，有效建构模型**

我国著名教育家张奠宙教授指出，"解决数学应用问题的本质是数学建模"。[1] 学生学习数学知识的过程，实际上就是对一系列数学模型的理解、把握的过程。所谓数学建模，就是对实际问题的一种数学表述，是对现实原型的概括，是数学基础知识与数学实际应用之间的桥梁，简而言之，就是将当前的问题转化为数学模型。在教学活动中，教师应采取有效措施，加强数学建模思想的渗透，提高学生的学习兴趣，培养学生的数学意识以及分析和解决实际问题的能力。那么，教师应怎样帮助学生建构数学模型呢？

1. 分析比较，建构模型

分析是对所获得的数学材料或数学问题的构成要素进行研究，把握各要素在整体中的作用，找出其内在的联系与规律，从而得出有关要素的一般化的结论的思维方式。比较是对有关的数学知识或数学材料，辨别它们的共同点与不同点。数学中的比较是多方面的，比较的目的是认识事物的联系与区别，明确彼此之间存在的同一性与相似性，以便揭示其背后的共同模型。学生在日常生活中已经积累了一定的比较与分类的知识。教师要善于利用学生这种已有的认识基础，把生活中的分析、比较、分类迁移

---

① 赵国弟 . 江南教韵 [M]. 上海：文汇出版社，2019:183.

到数学中，在教学时利用分析与比较建立数学模型，从而培养学生的建模意识。

例如，教师在教学"质数和合数"一课时，可以先举出一些与生活相关的问题：让学生根据自己的座位号写出各自的因数，然后让部分学生汇报自己座位号因数的情况，接着让学生比较这些数的因数个数的特点，从而根据这些数的因数的多少进行自主分类。在这样的教学活动中，学生的主体作用得到了充分的发挥，他们的分析、比较、归纳、概括和自学能力得到了有效的提升，使学生处于学习的主体地位，让他们自觉去认识、理解质数和合数的概念、本质特征，进而自主建构质数和合数这两个概念的模型。

在这一数学概念模型的形成过程中，分析、比较起了较大的作用，观察、比较"一些数的因数个数的特点"所用的时间不多，但却是新知与旧知的"生成点"，起着承上启下的作用，目的是使学生发现有的数只有1和它本身两个因数，而有的数除了1和它本身，还有其他的因数。其实学生在比较的过程中就已经发现了这些数的因数个数的特点了，从而能够正确地进行分析并进行合理的分类，而质数和合数这两个概念的数学模型也在学生的分析和比较中自然而然地形成了。

2.抽象概括，建构模型

在学习数学的过程中，抽象与概括是数学能力的核心要素，是形成概念、得出规律的关键手段，因此，抽象与概括也是建立数学模型最为重要的思维方法。抽象是从许多数学事实或数学现象中舍去个别的、非本质的属性，提取出共同的本质的属性，在数学中表现为提取数量之间、空间形体之间的关系和形式。而概括则是抽象出事物间的共同特征，它以抽象为基础，是抽象的进一步发展。新课标注重学生经历从实际背景中抽象出数学模型、从现实的生活空间中抽象出几何图形的过程。对教材中一些空间图形（如长方体、正方体、圆柱、圆锥等）的模型，我们可以先提供一些具体的几何图形的实物，引导学生观察，让学生通过观察再进行抽象概括，从而正确建构数学模型。

例如，教师在教学体积这一概念时，课本上对于体积概念是这样表述的："物体所占空间的大小，叫作物体的体积。"在这里，"空间"一词比较抽象，教师可以这样进行教学设计：利用课件出示学生熟悉的故事——《乌鸦喝水》，把它作为新知识的载体，将新知识寓于故事情境之中，让学生在课件的演示中发现石头占了瓶子的空间，从而造成水面上升，初步理解空间这一概念。为了让学生更好地建立体积这一数学模型，教师可以让学生把书包从课桌里拿出，用手摸一摸桌内，然后再将书包放入桌内后再用手摸一摸。通过这样的感受、对比，学生就能更好地理解体积这一概念。从一个家喻户晓的故事情境和一个拿、放书包的简单动作中，学生很自然就抽象出体积的概念，而整个学习过程，正是一个以抽象概括方式建立数学模型的过程。

3.猜想验证，建构模型

猜想是对研究的数学对象或数学问题进行观察、实验、比较、归纳等一系列活动，依据已有的材料或知识经验，做出符合一定规律或事实的推测性想象。我们要培养学生的数学建模意识和能力，需要将学生的主动学习贯穿于整个数学课堂教学之中，让他们大胆猜想、小心验证。学生在验证过程中，会发现新的问题，并在解决新问题的过程中，完善自己的猜想，发挥自己的创造力，最终发现规律。这样一个学习过程可以概括为：实践操作—提出猜想—进行验证—自我反思—建立模型。这不仅是一个主动学习的过程，更是一个创新学习的过程。

例如，教师在教学"圆柱的认识"一课时，教学目的是让学生理解并抽象出"圆柱的侧面积＝底面周长×高"这一数学模型，对于这样的模型，学生很难直接得出。其实解决这个问题的关键在于让学生理解圆柱的侧面展开图中长方形的长、宽和圆柱之间的关系，并完成"圆柱的高＝侧面展开后长方形的宽，圆柱的底面周长＝侧面展开后长方形的长"这两个小模型的建立。我们在教学中可充分利用学生的合作意识，交给各小组活动任务，让学生动手制作一个圆柱体。学生在制作过程中，会发现制作出来的圆柱底面有大有小，这样就激发了学生主动探究的积极性。通过小组的观察、讨论、研究，他们发现底面圆的周长要等于侧面展开图中长方形的长，这样做出来的圆柱才正确、美观。让学生在活动中不断地观察、反思，从而在操作去发现、总结问题，比教师直接的讲述更让他们印象深刻。

教育家苏霍姆林斯基说，"手是意识的伟大培育者，又是智慧的创造者"。[①] 学生动手操作的过程是手脑并用的过程，是促进思维发展的一种有效手段。根据学生的生活经验创设生活化的情境教学，既能调动学生学习的积极性，又能引发学生的思考，促使学生对生活原型进行观察和提炼，在观察和提炼中建立数学模型。

数学模型建立过程的本质是数学思维的活动，模型的建立常常是多种数学思维方法的综合运用。数学建模体现了解决实际问题真实、全面的过程，它在数学教学中的作用是十分明显的。数学建模不仅训练了学生把现实问题抽象为数学问题、求解数学问题的数学思维，而且把学生实践能力的培养落到实处，还可以让

---

① 苏霍姆林斯基.给教师的建议 [M].杜殿坤，编译.北京：教育科学出版社，1984:115.

师：未知数和已知数之间建立的等量关系式，数学上我们就把它叫作方程。

（师板书方程的意义）

师：$x+50>200$，$y<50$ 这两个式子是方程吗?

生：不是。

师：说说为什么?

生：没有等号。

师：没有等号，也就是未知数和已知数之间没有等量关系。

师：现在你们知道方程的特征是什么了吗?

生：有未知数还要是等式。

师：说得真好!

上述的教学片段说明，学生从图片中会直观地感受到天平在左右两边相等的时候是平衡的，否则就不平衡。这样为学生初步感知方程是等式的模型建立了基础。教师再让学生观察四个式子从而得出方程的特征：是等式的同时还要有未知数。这也揭示了模型存在的背景与适用的条件，学生对方程概念模型的认识就更加清楚了。

2.以等量关系为主线，建立方程模型

方程建模策略主要表现为：学生在解决问题过程中，能将一般数量关系用数学符号式表达，用等号将相等价的两件事情连接，从而使问题获得解决。但是，合理运用方程解决问题是很多学生都感到头疼的事情，这不仅仅是部分学生分析问题的能力差，更重要原因是学生在分析问题时无法准确找到等量关系所致。因此，教师在教学列方程解决问题时，要以找等量关系为主线，着重引导学生寻找等量关系，以找等量关系式为抓手对问题分析。

（1）找等量关系——建立模型的关键。

教师在教学列方程解决问题，带领学生分析题意时，应以找出等量关系为重心，这是方程建模的关键。

[教学片段]　列方程解决问题

教师出示情境图，如图 2-45 所示。

我买了两套丛书，共花了 22 元

2.5 元/本　　4 元/本

《科学家》有 4 本，《发明家》有多少本？

图 2-45

师：大家从图中收集到哪些数学信息？

（根据学生的回答，教师板书整理）

买了两种书，一共花了 22 元。其中《科学家》有 4 本，每本 2.5 元，《发明家》每本 4 元，《发明家》有多少本？

师：你们能从哪句话中找到《发明家》和《科学家》之间的等量关系？

生：根据"共花了 22 元"可以知道：《科学家》的定价 + 《发明家》的定价 = 总定价。

师：根据这个等量关系式怎样列方程？

（学生一致认为：$2.5 \times 4 + 4x = 22$）

师：看来找等量关系是我们列出方程的关键。

……

当然，题目中的等量关系往往蕴藏在一些主要的字眼中，如

133

反映"和、差、商、积"的关键词可以寻找等量关系；一些周长、面积等计算公式也是列等量关系的"法宝"；还有一些常用的数量关系，如"路程＝速度×时间、总价＝单价×数量"都是寻找等量关系的关键；也有一些等量关系是蕴藏在事情发展的顺序中的。有了以上寻找等量关系过程的积累，学生能灵活地根据具体的问题情境，寻找相应的等量关系，并能举一反三在等量关系"多样化"的基础上，实现方法的"优化"，找到一条适合自己的应用方法。因此，教师在简易方程教学中渗透建模思想，使学生在今后数学学习中自觉地运用方程知识去解决问题，从而提高学生解决问题的能力。

（2）应用方程解题——强化建模的过程。

在学生的日常生活中，并不是没有方程的存在和运用，只是生活中的等量关系不像天平那么直观形象，一眼就能看出来。"为什么要学习方程"是一个相对比较抽象的问题，教师应采用形象化、感性化和直观化的策略，借助观察、辨认和思考讨论来化难为易，从而攻克教学难点。

（教师出示线段图，如图 2-46 所示）

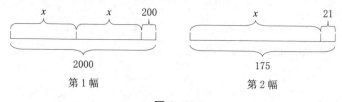

图 2-46

第 1 幅图可用"$x+x+200=2000$"或"$2x+200=2000$"来表示；

第 2 幅图可用"$x+21=175$ 或 $175-x=21$"来表示。

在此基础上，教师可以加大探究的难度，出示新的题目：一个工人第 1 小时加工零件 240 个，比第 2 小时加工零件数的 2 倍少 150 个，那么第 2 小时加工零件多少个？

师：这道题如何找出它们的等量关系呢？

生：第 2 小时加工零件数的 2 倍 -150= 第 1 小时加工零件数。

师：你是怎么想的？

生：第 1 小时加工零件 240 个看作小数，第 2 小时加工零件数的 2 倍看作大数，150 则是相差数，为此，我们可以根据大数 - 小数 = 相差数，小数 + 相差数 = 大数，大数 - 相差数 = 小数来列方程。

师：假如第 2 小时加工零件为 x 个。那么，用方程该怎么表示呢？

学生很快列出三个方程式：（1）$2x-150=240$；（2）$2x=240+150$；（3）$2x-240=150$。

教师引导学生应用等式性质进行解答，进一步强化建模过程。

方程能够很好地帮助学生解决一些逆向思维的问题，而且在后面的学习中会经常用到它。

第十节　函数思想

函数思想的本质在于建立和研究变量之间的对应关系。函数思想体现于：认识到这个世界是普遍联系的，各个量之间总是有互相依存的关系，即"普遍联系"的观点；于"变化"中寻求"规律（关系式）"，即"模式化"思想；于"规律"中追求"有序""结构化""对称"等思想；感悟"变化"有快有慢，有时变化的速度是固定的，有时是变动的；根据"规律"判断事件的发展趋势，预测未来，并把握未来，即"预测"的思想。函数的核心就是：把握并刻画变化中的不变，其中变化的是"过程"，不变的是"规律"（关系）。学生愿意去发现规律，并能将规律表述出来的意识和能力，就是函数思想在教学中的渗透。

一、对函数思想的认识

函数是初等数学代数领域的主要内容，也是解决实际问题的重要工具，可以用来描述现实世界中的各种数量关系。

设集合 A、B 是两个非空的数集，如果按照某种确定的对应关系 f，对于集合 A 中的任意一个数 x，在集合 B 中都有唯一确定的数 y 和它对应，那么就称 y 是 x 的函数，记作 $y=f(x)$。其中，x 叫作自变量，x 的取值范围 A 叫作函数的定义域。y 叫作函数或因变量，与 x 相对应的 y 的值叫作函数值，y 的所有取值构成的集合叫作值域。

以上函数的定义是从初等数学的角度出发的，自变量只有一个，与之对应的函数值也是唯一的。函数研究的是两个变量之间的对应关系，一个变量的取值发生了变化，另一个变量的取值也相应发生变化，以后要学习的正比例函数、反比例函数、一次函数、二次函数、幂函数、指数函数、对数函数和三角函数都是这类函数。实际上现实生活中还有很多这样的例子，一个变量会随着几个变量的变化而相应地变化，这样的函数是多元函数。虽然在中小学里不学习多元函数，但实际上它是存在的，如圆柱的体积与底面半径 r 和圆柱的高的关系：$V=\pi r^2 h$。半径和高有一对取值，体积就会相应的有一个取值。也就是说，体积随着半径和高的变化而变化。函数思想的核心是事物的变量之间有一种依存关系，因变量随着自变量的变化而变化，我们通过对这种变化的探究找出变量之间的对应法则，从而构建函数模型。

函数在小学数学中虽然没有正式引入，但函数思想在整个小学阶段的"数与代数""空间与图形""统计与概率""实践与综合应用"中都有所渗透，可以说有"变化"的地方都蕴含着函数思想。教师应做课堂有心人，在教学中寻找契机，注意向学生渗透变量和函数的思想，潜移默化地让学生感受到函数的魅力，提高学生的数学素养。

（一）"数与代数"中的函数思想

在人教版小学数学第一册"10 的加减法"中，有一道练习（图 2-47），教师往往只满足于让学生填出正确结果，而忽视了对该题的函数思想渗透价值的挖掘。教师在教学该题时，可以先让学生带着问题进行探究，当学生踊跃地把结果无序地罗列出来后，教师应引导学生们进一步观察："你有什么好办法？"学生能提出"最大数与最小数加，第二大的数与第二小的数加"的解题思路，以此来帮助学生感受数学函数思想。

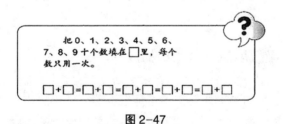

图 2-47

（二）"空间与图形"中的函数思想

在"空间与图形"中，许多地方都渗透了函数思想，尤其是几何公式的推导，都可找到函数思想的影子。教师对此可以善加利用，有意识地引导学生在实践过程中感悟变量之间联系，且相互制约的关系。

（三）"统计与概率"中的函数思想

函数有解析式、列表和图像三种表示方法，而"统计与概率"这一板块通过表格、图像来描述数据，其中的变量通常存在一定联系，所以函数思想可以在这一板块的许多题目中进行渗透。但日常教学中，教师如何让学生在绘制统计图表、能回答一些简单问题的基础上，进一步感知并理解图表中所蕴含的"变化""联系"呢？著者在上"折线统计图"练习课时，曾设计了"看图说话"环节，在这一方面进行了相关的尝试。

（四）"实践与综合应用"中的函数思想

数学教材在"实践与综合运用"中蕴含着函数的思想，教师在指导学生进行实践活动时，应有意识地引导学生体会变化过程，并在变化中寻找规律。除了教材中安排的数学活动外，教师在教学中也可以安排一些不同的实践活动让学生参与，感悟函数的魅力。

二、函数思想在教学中的应用

函数思想的可贵之处在于它是用运动、变化的观点去反映客观事物数量间的相互联系和内在规律的。学生对函数概念的理解有一个过程，教师在教学中处理一些问题时，要注意向学生渗透函数思想。例如，让学生观察"20以内进位加法表"，让学生发现加数的变化引起的和的变化规律等，都较好地渗透了函数的思想。在低年级教材里，当一个加数不变时，"和"随"另一个加数"变化而变化，也是找出其对应关系。在六年级第二学期的数学教材中，正、反比例这部分内容更是集中渗透了函数概念，教师在进行教学时，应通过画图、列表等直观形式，强调量的"变化"，突出"两种相关联的量"之间的对应关系，帮助学生形成初步的函数概念。为此，教师在教学这类渗透函数思想的内容时，可以这样安排：先让学生独立计算，然后指名汇报，师生订正，接着再引导学生通过观察比较，发现它们的规律，答案的变化是怎样引起？通过观察对比，让学生体会"当一个数变化，另一个数不变时，得数变化是有规律的"，这样，函数思想就自然而然地渗透在其中。

函数的核心是把握并理解变化中的不变，其中变化的是"过程"，不变的是"规律"（关系）。学生愿意去发现规律，并具备将规律表述出来的意识和能力，这就是函数思想在教学中的渗透。在实际教学中，教师应着力引导学生在变化的情境中感知"变化"，在变化的过程中抽象"不变"，体会"变化中有不变""变量之间是有规律的"，并切实经历在变化过程中抽象表述规律（关系）和分析推理的过程，进而感悟函数思想。

[教学片段]　100 以内加减法综合练习

教师在教学"100 以内加减法综合练习"一课时，可出示几个口算题先让学生进行口算，然后，用课件展示 31-5=26，29-3=26，30-4=26 这三个算式。

师：请大家认真观察，这三个算式之间有什么联系呢？

生：它们的得数都是 26。

师：老师想把这三个算式请到黑板上，谁能帮它们有顺序地排一排。

（生说师板书）

师列式：

29-3=26；

30-4=26；

31-5=26。

师：请大家观察这三道题！比一比它们的被减数、减数和差，你有什么新的发现？

生：被减数慢慢增加、减数慢慢增加，差不变。

生：被减数慢慢增加1、减数也慢慢增加1，差不变。

师：如果按照这样的规律，我想接着下面再写出一个减法算式，你能行吗？

（教师随即在算式下面板书：□-□=26）

师追问：你怎么想得这么快，有什么秘诀？

（根据学生回答师适时出示符号↓）

师：如果我想到上面也写出一个有这样规律的减法算式，你能行吗？

（随即在算式上面板书：□-□=26）

师：也来说说你的秘诀？

（根据学生回答师适时出示符号↑）

师：还有同学想写吗？再请两位同学来写。这样的算式能写得完吗？

（根据学生回答师适时板书）

```
   ┌  □ - □ =26  ↑
   │  27 - 1  =26
   │  28 - 2  =26
   │  29 - 3  =26
   │  30 - 4  =26
   ↓  □ - □ =26
```

师：我们学数学，不仅要会算，还要善于观察、思考，你会发现它们有更多的奥秘。

教师在本环节中引导学生纵向观察三个算式的被减数、减数和差的联系，初步渗透函数思想，即"被减数慢慢增加1、减数也慢慢增加1，差不变"。通过对这三个算式进行拓展、延伸，再次聚焦它们各部分之间的关系，学生不仅会继续写出类似的算式，还能追根溯源，明确此类算式的特点——减数随着被减数的增加而增加，但不管算式如何变，它们的差都是26。在这样一系列的观察辨析、交流碰撞中引导学生体验变与不变的规律，让学生在学习知识，提升能力的同时能积累经验，渗透函数思想。

数学思想与方法是一个从模糊到清晰、从未成形到成形再到成熟的过程。教学中，思想与方法何时"深藏不露"，何时"显山露水"，教师应随机应变。日本数学家米山国藏在他的著作《数学的精神、思想和方法》中提到，"不管他们（指学生）从事什么业务工作，即使把所教给的知识（概念、定理、法则与公式等）全忘了，唯有铭刻在他们心中的数学精神、思想和方法随时随地地发生作用，使他们受益终生"。由此可见，教师在数学教学中应该注重思想与方法的渗透。

第十一节　优化思想

一、对优化思想的认识

"运筹帷幄之中，决胜千里之外"，比喻很有才智的人无需上阵，只需做好完善的战略部署，就能让事情获得成功。在现代社会中，不论是生产、生活，还是科学研究，都要讲究效率，即如何以最优的方案，使得人们在时间、空间、人力、物力、财力等方面以最小的投入，获得最大的收益，这种思想就是优化思想，这门学科就是运筹学，运筹学也是数学的一个分支学科。运筹学最早是研究军事的，后来推广应用到生活的各个领域。

我们的社会从企业管理、城镇规划管理、资源管理，到家庭投资理财、城市交通管理、商业网点配置等，都需要通过优化思想进行筹划决策，以提高效率、降低成本、减少浪费、保护环境。因此，如果能够让小学生认识到优化思想的重要性，将更好地促进学生理解数学、认识数学的价值。

二、优化思想在教学中的应用

小学数学中"优化"思想的应用需要循序渐进，教师在教学过程中要遵循以下三个原则。

（一）"化繁为简"原则

小学数学的知识难度虽然不是很大，但是需要学生从解决问题的多种方法中找出最优的解决方法，这对小学生而言是比较困难的。所以，教师在教学时可以先从比较简单的问题入手，在寻找到规律后，再运用规律解决更加复杂的问题。例如，教师在教学"植树问题"一课时，例题中的数值比较大，对学生而言，要发现棵数和间隔的关系是比较困难的。这时，教师应引导学生使用小一些的数值，先找到方法，再回过头去解决原来的问题。这种方法同样也可以应用到鸡兔同笼的问题上。教师可以把《孙子算经》中的原题，对其中的数量进行简化，为分析和解决问题提供了方便。

（二）"节省"原则

节省主要有节省空间、时间、材料、金钱等，小学数学教材中有很多关于这类的问题。例如，"烙饼问题"涉及省时的问题，"长方体礼品盒的包装"涉及省材料的问题。

（三）"高效"原则

所谓高效就是指效果最优，主要涉及计算问题，它要保证计算的准确性和有效性，例如，"凑十法""运算定律"的运用就是让计算更加便捷，正确率更高。

案例 2-18　　　　优化思想在教学中的渗透
　　　　　　　　——以"打电话"教学为例

　　"优化"是一种数学思想与方法，运用"优化"方法能有效地分析与快速地解决数学问题。那么，何为"优化"呢？其在《汉语词典》中的解释是：采取一定的手段使之更优秀。我们在解决问题的过程中会有多种策略，而如何选择最优的策略，需要学生在数学学习中找到最合理、最省时、最简洁的方法，进而感受到"优化"这一数学思想与方法的价值。下面我们以"打电话"的教学为例，浅谈在教学中如何渗透优化思想。

1. 在分析中理解优化的意义

　　优化是相对于一定的条件范围的，所以有必要明晰问题的背景，让学生把握解决问题的条件范围，从而使优化有产生的必要性和必然性。著者在"打电话"一课的编排中，提供了这样一个情境：合唱队有紧急任务，老师需要尽快通知 15 位队员。显然，"用最短的时间通知到每一位队员"是优化的目的，而我们需要引导学生做的，就是找到"优化的方案"。但是，教师在实际教学中，学生往往会给出一些"离题"而你又无法否认的"方案"，如用微信、短信通知等。一方面是因为在教材提供的问题背景下，如果考虑到可操作性等问题，优化方案不具有唯一性；另一方面可以看出，学生并没有认真分析需要解决问题的背景条件。因此，教师在教学时可以将情境改为：解放战争时期，我们一地下工作小组潜伏在敌占区，一共 16 人。有一天，一名核心成员被敌人抓获，经不住敌人的严刑拷打，将其他15名地下工作者招供出来，敌人立即出发前往抓捕。情况危急，有些成员甚至几分钟之后就有危险。幸亏这个消息被另外一名地下工作者及时获得，他利用当时最先进的通信工具（电话）将信息传递给了所有成员，避免了这次危机。这时，教师引导学生明晰问题背景的三个特点：时间紧——地下工作者随时有被捕的危险，时间以分钟为单位；任务重——一共有15名地下工作者需要通知；条件差——当时只有电话是最先进的联络工具。在此基础上，学生自然地将精力聚焦于如何设计方案可以尽量节省通知所有人的时间。

由于情境改变，不单纯是为了让情境看上去更合理或更符合优化方案产生的需要。更重要的是，可以给学生提供一个分析研究问题的背景，让学生体会到，不管是怎样的优化方案，它都必须尊重问题的现实背景，不能是脱离实际地胡思乱想。所以，情境的创设不能只考虑让它们更具有说服力，还要让学生经历分析研究问题背景的过程、明晰条件范围，使学生的数学活动更有方向性，这样才能让学生意识到：认真分析问题背景是实现方案优化必不可少的一个环节。

2. 在对比中经历优化过程

我们在日常生活中经常应用一些既定的优化程序或方案，那么，在数学教学中是否也可以传授给学生一些数学模型或者公式，以方便学生解决一些实际问题呢？相对于教会学生最优方案中所运用的一些数学知识，我们更应该重视培养学生运用优化思想分析解决问题的意识和能力。所以，我们要让学生经历优化方案的对比筛选过程，不但"知其然"，还要"知其所以然"。

考虑到五年级学生已具备一定的分析解决问题的能力，教师在进行"打电话"教学时，可采取小组合作的形式，分成两个层次进行教学，让学生经历自主设计、自觉调整的优化过程。第一个层次是放手让学生在小组范围内用画图、摆圆片等直观的方法来探究，并在探究过程中不断地进行调整。第二层次是通过对比各种方案，发现问题的关键，进一步优化设计方案。在实际教学中，学生通过摆圆片直观地调整每个小组的人数，基本上都成功设计出自己的优化方案。此时，教师引导学生用图形展示各自的方案，并通过多媒体用表格形式对各种方案进行对比，让学生在对比中发现问题的关键——只有让全体成员都投入这项任务中，才能尽量节省时间。教师在此基础上让学生进一步优化方案，学生的效率明显提高，基本上都用直观方法完成了方案设计。在这个过程中，教师要准确分析学生的思维水平，学生能独立完成的活动要大胆地"放"，给予学生自主探究的时间和空间，让学生经历设计、展示、对比方案的过程，更清楚地认识优化方案的形成过程；当学生需要教师帮助时要及时地"扶"，把握好"切入点"，引导学生找准问题的关键，帮助学生沿着正确的方向进行优化。

教学时，我们要让学生体会到画图、摆圆片等方法的直观效果。再引导学生通过对比，体会到找准问题关键对于优化设计方案的重要作用。只有这样，才能真正让学生经历方案的设计、对比、调整过程，获得对优化过程的实践体验，积累一些对实现优化有效的、合理的思维方法和经验。

2. 在建模中掌握优化方法

《课程标准（2011年版）》中指出：面对实际问题时，学生要"能主动尝试从数学的角度运用所学知识和方法寻找解决问题的策略"。也就是说，我们不能为优化而优化，而是要通过数学模型的建构引导学生从数学的角度分析和解决类似的问题。

　　教师在教学"打电话"一课时，可以借助数形结合的方式，帮助学生探究内在的规律，从而寻找到解决问题的办法。教师可根据学生展示的设计方案，用多媒体将数据整理成表格的形式，以便学生获得数据之间的关联信息，如图2-48、表2-10、表2-11所示。然后引导学生通过观察——猜想——验证——归纳，找出其中的规律，并抽象出数学模型——2 的 n 次方减去 1（此时不要求学生用数学语言准确描述，只要理解就行）。完成建模后，教师还要提供运用数学模型解决实际问题的机会，巩固学生对数学模型的认识，体验数学模型对于提高优化效率的作用。

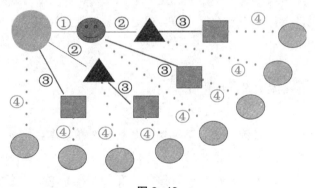

图 2-48

表 2-10

第几分钟	1	2	3	4	5	6	7	8	9	10	…
接到通知的总人数（包括老师）	2	4	8	16	32	64	128	256	512	1024	…
接到通知的人数	1	3	7	15	31	63	127	255	511	1023	…

表 2-11

时间	通话人数	通知人数
第 1 分钟	2=2	1=2-1
第 2 分钟	4=2×2	3=2×2-1
第 3 分钟	8=2×2×2	7=2×2×2-1
第 4 分钟	16=2×2×2×2	15=2×2×2×2-1

我们在教学中重视引导学生构建数学模型，一方面可以通过数学模型的构建促进学生对优化方案的理解和记忆，培养学生从数学的角度分析和思考问题的意识；另一方面则是因为从优化方案中提炼出数学模型，本身就是一个优化的过程，它可以让优化方案脱离个体层面，对解决同类问题形成一般性的指导，提高优化的效率。

4. 在交流中思辨优化方案

教过"打电话"这节课的教师大多有这样的体会，教学中教师、学生都会不由自主地对最节省时间的方案产生质疑——这种方案真的是最优方案？它的可操作性有多大？教学中就有学生提出质疑：这样打电话，要先花时间设计方案，还要在电话中将每个人的任务交代清楚，所花的时间远远超过其他方案所花时间，一般人是绝对不会用这样的方法的。因此，针对学生的质疑，教师应首先从创设情境入手，将问题背景定在解放战争时期，人物改为地下工作者，这样的变动，让方案的提前规划和严密落实具有了必要性和必然性。其次，可在课尾设计一个讨论的环节，引导学生在交流中思辨——在现实情境下你会这样做吗？学生在交流讨论中很自然地提出：由于我们不像当年的地下工作者具有那么严密的组织，如果没有事先的约定，要规划出那样的方案需要

148

更多的时间，即使规划出方案，落实起来也是比较困难的。因此，得出结论：在现实情境下，最节省时间的并不一定是最优化的方案，我们有更好的选择。

为此，我们在教学时要鼓励学生对各种优化方案进行分析讨论，尝试从不同的角度对优化方案进行综合评估，并在交流中充分展示各自对优化方案的认识和理解。通过这样的交流讨论，有利于培养学生自觉思辨各种优化方案的习惯，可以让学生认识到：最优化的方案不能只单纯考虑某一方面效果，更不能单纯依赖某一数学模型，它应该是通过对实施的条件、花费的成本、操作的可行性等方面进行综合评估后，选择的最合适方案，这才是真正有效的优化。也只有这样，学生才能在获得优化方案的同时，对优化思想有深入的理解，并积累一些运用优化思想分析解决问题的基本的活动经验，使其终身受益。

案例2-19　**采取有效策略渗透优化思想**
　　　　　　　——以"田忌赛马——对策问题"教学
　　　　　　　　　为例

"田忌赛马——对策问题"是数学综合实践与应用领域的内容，是比较系统、抽象的数学方法。小学生的思维方式以形象思维为主，因此，著者在设计本节课的学习教案时，通过熟悉的故事入手，改变传统以教师讲述为主、学生被动听的形式，把学习的主动权交还给学生，通过精心设计数学活动，让学生在自主探索、合作交流、操作活动中思考，促进学生思维能力的提升，从而达到深化策略、优化思想，更好地促进学生的思维发展。

[教学片段] 了解故事，感知并探究对策

1. 课件播放视频

（"田忌赛马"第一部分）。

2. 感知策略

师：同学们，先暂停一下，谁来说说这次面对齐威王的布阵，田忌是怎么排马迎战的？

生：田忌用自己的上等马对阵齐威王的上等马，用自己的中等马对阵齐威王的中等马，用自己的下等马对阵齐威王的下等马。

（教师根据学生的回答板贴结果）

师：最终的比赛结果是什么？

生：田忌三场都输了。

师：为什么同样等级的马，每一场田忌都输了？

生：因为齐威王每个等级的马都比田忌的马强。

师：是的，齐威王的马略强点。

师：这时，田忌的好朋友孙膑帮他出了一个主意，使田忌战胜了齐威王。让我们继续往下看。

（播放视频第二部分）

师：孙膑用了什么策略使田忌转败为胜的？

生：孙膑让田忌用自己的下等马对阵齐威王的上等马，用自己的上等马对阵齐威王的中等马，再用自己的中等马对阵齐王的下等马。

（生边答师边板书）

师：田忌真的胜了吗？

师生一起判断：第一场田忌输了（板书打"×"），第二场田忌胜了（板书打"√"），第三场田忌又胜了（板书打"√"）。

师：这样三场两胜制，田忌果然胜了。

（板书：田忌胜）

师：孙膑厉害吧！同样的马，经过这么一调换，让田忌取得了比赛的胜利。这种调换是一种策略，是一种对策，就是今天我们要讲的对策问题。

（补充板书：田忌赛马——对策问题）

3. 探究策略

师：同学们，田忌赢齐威王还有别的方法吗？是不是只有孙膑的策略才能赢齐威王呢？（语速放缓）这是我们接下来要探究的。请大家把田忌所有的可以采用的策略都找出来，填入下表中，时间为3分钟。

	第一场	第二场	第三场	获胜方
齐威王	上	中	下	
田忌1	上 ×	中 ×	下 ×	齐威王
田忌2				
田忌3				
田忌4				
田忌5				

续表

	第一场	第二场	第三场	获胜方
田忌6				

[师板书：共有（　）种对阵方法，从中我们发现了齐威王一共赢了（　）次，田忌只赢了（　）次。想一想：田忌要怎样才能赢齐威王？]

（师巡视，寻找资源）

师：时间到，谁来分享下你的探究过程。

（两位同学，先无序，再有序）

生1：共有（6）种对阵方法，从中我发现了齐威王一共赢了（5）次，田忌只赢了（1）次。

师：赢的这一次策略是什么？

生1：下等马对上等马，上等马对中等马，中等马对下等马。

师：让我们继续听另一位同学的想法。

生2：我和他也有同样的发现。共有（6）种对阵方法，从中我发现了齐威王一共赢了（5）次，田忌只赢了（1）次。他赢的这一次的策略是下等马对上等马，上等马对中等马，中等马对下等马。

师：真棒！我们得出，共有6种赛马的策略，只有一种策略是田忌能获胜的。

师：同学们，观察××同学的表格。你能给大家说说你是怎么样做到找得又快又准确的？

生：用曾经学过的搭配知识来解决。

师：这样表格填写有什么优点呢？

生：有序，清楚。

师：还有哪些同学也用了这样的好方法？向老师挥挥手。

师：同学们能够用原来学过的旧知识来解决今天的新问题，

真不赖。

师：田忌的马整体实力稍弱，为什么这一种策略能赢（课件单独出示这种策略），谁能说说其中的道理？

生1：田忌先用自己的下等马去消耗对方的上等马，让自己先输一场，可却能保证后面赢两场。

生2：下等马是田忌一方实力最弱的，让它去对阵齐威王实力最强的马，虽然先输一场，可是接下来却能用自己实力强的马去对阵对方弱的马，从而获得胜利。

师：大家也都像军事家一样，分析得很有道理。的确，比赛中用自己最弱的去牵制对方最强的，让对方最强的只发挥最微小的作用，接着用自己最强的对阵对方第二强的，自己第二强对阵对方最弱的，才可能取得胜利。

（板书：以最弱对最强）

师：将你们发现的重要策略自豪地读一读。

[教学片段]　了解故事，感知并探究对策

师：刚才这种以最弱对最强，即使自己整体实力稍弱还是能赢的策略，你们学会了吗？

师：那咱们来一场模拟比赛。每一桌左边的同学当齐威王，"齐威王们"高高地举起你们的手。右边的同学当田忌，"田忌们"，向老师挥挥手。请听比赛规则。

（课件展示比赛规则）

（1）比赛三场，三场两胜制。

（2）第一场，齐威王三四马先出。第二场，田忌三四马先出。第三场，谁的三匹马先出，同桌相互商量决定。

（3）思考：从中，你有什么发现？

师：模拟比赛开始。

（生对阵，师巡视。第三场学生多以"剪刀，石头，布"来决定先出顺序）

（生发现：谁先出，谁就输）

师：同学们，难道让对方先出，就这么重要吗？

生1：我是齐威王，当对方先出时，我知道他的马情况，只要发动同等级别的马，伺机而动就行了。

生2：我是田忌，当对方先出时，我知晓他的策略，就可以全盘考虑，可以以自己最弱的对他最强的，来获得胜利。

师：以弱对强，真不愧是咱们班的数学之星。

最后，师生进行小结，该对策问题的精髓：①对方先出；②要用最弱的牵制对方最强的，才能换取后两场的胜利。

[总评]

数学教学活动必须建立在学生的认知发展水平和已有的知识经验上，教师应激发学生学习的积极性，向学生提供充分从事数学活动的机会，帮助学生在自主探索和解决问题的过程中真正理解和掌握基本的数学知识和技能、思想和方法。学生是数学学习的主人，教师是数学活动的组织者、引导者和合作者。

（1）借助多媒体辅助教学，呈现直观。

利用小学生比较喜欢的动画片展示"田忌赛马"的故事，这样不仅能吸引学生的注意力，而且能让学生清晰地看到故事发生的全过程，缩小了故事与学生之间的时空距离，提高了学生对研究主题的兴趣。通过动态的故事情境，引出探究的内容，让学生感受田忌赛马中的对策问题。例如，田忌是怎么对阵齐威王的？田忌是怎么战胜齐威王的？孩子都有挑战欲，都想表达自己的想法。

（2）深化解题的策略，优化思想。

本节课突出了让学生解决问题这一理念，将知识赋予活动中。教学环节安排科学合理，师生间、生生间的合作学习有实效，交流评价也落到实处，教师给了学生充分交流和研讨的时间和空间，使积极思考的主动权完全掌握在学生手中。教师引导学生尝试着从数学的角度运用所学知识和方法寻找解决问题的策略，促进了知识的互补互联，学生学会倾听，学会了换位思考。学生在活动中认识到解决问题策略的多样性，学会了在多种方案中寻找最优方案的方法，也培养了其详细分析、周密思考的思维能力。

第十二节　抽象思想

一、对抽象思想的认识

数学抽象是对现实世界具有数量关系和空间形式的真实材料进行加工凝练出共同的本质属性，再用数学语言表达进而形成数学理论的过程。数学抽象思想是一般化的思想与方法，对于培养学生的抽象思维能力和理性精神具有重要的意义。

（一）数学抽象在数学中无处不在

任何数学概念、法则、公式、规律、性质、定理等的概括和推导，都要用到抽象概括。用任何数学知识解决纯数学问题或联系实际的问题，都需要计算、推理、构建模型，都离不开抽象思想的应用。

（二）数学抽象是有层次的

数学随着不断发展呈现出了逐步抽象的过程，例如，数的发展，从结绳记数得到1、2、3等有限的自然数，再通过加法的运算，得到后继数，形成了无限的正整数序列：1，2，3，…，n 在此基础上形成了正整数集合 N。从整数扩展到分数，再从有理数扩展到实数，是逐步抽象的过程。从算术中的数（1、2、3等）到代数中的常量（a、b 等），再到函数中的变量（x、y 等），包括利用变量构建模型，也是一个逐步抽象的过程。

二、抽象思想在教学中的应用

数学是研究数量关系和空间形式的科学，这种数量关系和空间形式是脱离具体事物的、是抽象的，因此，抽象思想在数学中无所不在。也就是说，只要有数学教学，就应该有抽象思想的存在，只不过是呈现方式（目标进程的层次）不同而已。

学生认识数的过程伴随着整个义务教育甚至高中阶段，如前文所述，学生在学习"0 ~ 10 的认识"时就开始与抽象思想打交道了，虽然学生并不完全理解 0 ~ 10 是经过对客观事物的数量多少进行抽象而得到的，但是能够体会到一个人、一个苹果、一支铅笔等都可以用 1 表示。当学生学习"11 ~ 20 的认识"的时候，抽象的层次又提高了，实际上从 10 开始已经发生了微妙的但却是根本的变化，就是 10 虽然只是 9 加上 1，但是它已经没有用新的符号表示了，而是用了符号 1 和 0。这种变化在 11 ~ 20 的认识中揭开了神秘的面纱，用十进制计数法表示比 9 更大的数（如 10、11、12 等），以后会不断认识更多、更大、更抽象的数，如亿以上的数、分数、小数、负数等。

第十三节　数学思想的应用案例

案例 2-20　**在计算教学中渗透数学思想与方法**

　　数学的思想与方法是数学的灵魂和精髓，是培养学生良好思维品质的基础。下面就以计算教学为例，浅析如何在课堂教学中渗透数学思想与方法。

1. 操作明理，化抽象为直观——渗透数形结合思想与方法

　　数形结合，其实质就是将直观的图像或实物与抽象的数学语言结合起来，在"数与形"之间互相转化，以帮助学生更好地理解与掌握所学知识。我们在引导学生理解"破十法"的思维过程时，可以适时引入数形结合思想与方法，帮助学生直观理解"破十法"的算理。

［教学片段］ 十几减9

教师出示题目：有 15 个气球，卖了 9 个。还剩几个气球？

师：要求"还剩几个气球"，该怎样列式呢？

生：15-9=6。

师：说说你是怎么想的？

（学生列出算式：10-9=1，1+5=6）

师：谁能明白她的意思，请你也来说一说。

师：你们能将这种算法用圆片摆一摆或画一画将它表示出来吗？

（教师出示图片，如图 2-49 所示）

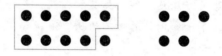

图 2-49

生：先从 10 个圆片中拿走 9 个，先算 10-9=1。再用剩下的 1 个加上右边的 5 个，再算 1+5=6。

师（追问）：10 是哪儿来的？为什么先用 10 减 9？

生：把 15 分成 10 和 5，5 减 9 不够减，就用 10 减 9。

师：那么，还有谁也是这么算的？请站起来说一说。

"数"的抽象与"形"的直观相结合，可以使许多数学问题变得简明化、具象化、生动化。通过让学生动手摆一摆、画一画，可为学生理解算理提供直观素材，建立感悟理的桥梁。活动不仅迎合学生的思维特点，逐步体验由直观算理到抽象算法的过渡，又让学生在充分的表象中，真正理解"破十法"的算理，从而达到对算理的理解和对算法的掌握。

2.经验提升，化隐性为显性——渗透转化思想与方法

"转化"是一种非常重要的数学思想和方法，其本质是把新知转化为旧知，也可以把数学问题化难为易，以寻求解决问题的新思路。教师在教学中，应有机地渗透转化思想，使学生掌握到转化的方法，不仅有利于学生借助旧知来探索新知，而且也能提高学生解决问题的能力。

［教学片段］　9加几

师：9+4=？先自己动脑筋想一想，也可以用手上的小圆片或小棒来摆一摆、算一算。

（师巡视检查）

生列出解决办法：

（1）数的方法：1，2，3，4，…，13。

（2）接数的方法：从9开始，再接着数4个。

（3）凑十的方法：4拿1给9，10加3等于13。

师追问：为什么你要拿1根小棒放在9根那边呢？

生：拿1根小棒给9根，就变成10根，10根加3根就等于13根。

生：4根拿1根小棒给9根，就变成10根，就转化成10加几。

师：谁听明白他说什么？他用到了一个很重要的词。

（师随即板书）

10 加几　　转化　　9 加几

旧知识　　←　　新知识

【小结】

在学习数学中，我们往往把所要学习新知识转化成旧知来研究，这种方法就是转化法。

在计算"9 加几"时，教师应着重引导学生借助已有的学习经验，把 9 加几转化成 10 加几，再运用"凑十的方法"来计算。这样，真正让学生从已有的学习经验出发，把隐性的知识显性化，从而感受转化思想与方法的运用。

3.观察辨析，从变中找规律——渗透函数思想与方法

教师在教学中，应着力引导学生在变化的情境中感知"变化中有不变"，体会"变量之间是有一定规律的"，并让学生经历变化过程中抽象表述其中的规律，感悟数学的函数思想。

例如，教师在教学"5 的乘法口诀"一课时，可先出示例题1：

$$1 \times 5 = 5 \times 1 =$$
$$2 \times 5 = 5 \times 2 =$$
$$3 \times 5 = 5 \times 3 =$$
$$4 \times 5 = 5 \times 4 =$$
$$5 \times 5 =$$

这道题不能只让学生计算，还应该引导学生仔细观察，说说自己的发现。有的学生说得数越来越大，有的学生说交换因数的位置积不变，等等。教师要帮助学生理解总结这些规律，一个因数不变另一个因数变化，积也跟着变化，这就是最简单的函数思想。我们还可以利用 1 ~ 6 乘法口诀表让学生观察得出规律：将

乘法表竖着看，可以得出一个因数相同，另一个因数越大，积就越大；另一个因数越小，积就越小。

教师出示例题，如图 2-50 所示。

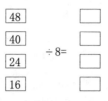

图 2-50

我们先让学生算一算，再引导学生进行观察比较，初步感受当除数不变时，被除数增大，商随着增大；当除数不变时，被除数变小，商也随着变小。通过这样的训练加深学生对这一规律的认识。教师在教学中虽然没有直接出现函数的概念，但这种思想与方法要有意识地向学生进行渗透。

这样，让学生通过观察、猜测、验证、归纳这一系列的活动经历，感悟数学规律，并通过对"植树问题"的探究，自主建构模型。而教师所要做的就是引导学生去发现数学规律，去感悟数学思想。

案例 2-21

多维建构彰显数学思想
——以"三位数乘以两位数"练习课为例

《课程标准（2011 年版）》的"双基"变为"四基"，即基础知识、基本技能、基本思想、基本活动经验。基本思想在教学中有数形结合思想、数学建模思想、符号化思想、转化思想等。教师可通过课堂实践活动的建构彰显数学思想，让学生主动参与对知识深入地思考和加工，从而形成可以受用终身的思想。

"三位数乘以两位数"是一节计算教学课，计算教学如何渗透数学思想，让学生形成运算能力，而不仅仅止步于计算技巧的熟练，这是教师需要思考的问题。因此，本节课著者没有放弃计算的基本技能，但更多的是通过数理相联、结构关联、直观演示的实践活动，渗透转化思想、类比思想、数形结合思想。

1. 数理相联，渗透转化思想

学生通过解决生活的具体问题，把抽象的知识转化为具体的策略，在计算的过程中形成解决问题的策略意识。通过生活情境的呈现，学生有了解决问题的需要，才能事半功倍地进入数学的思考过程。

小学四年级的学生已经学会了口算、估算、笔算三种计算方法，这三种计算方法的适用性是什么？如何在生活中自主选择并运用合适的方法进行计算，这些是学生所需要的计算能力和素养。因此，著者在教学"三位数乘以两位数"时，创设了购物猜价格的情境，出示三种书的单价，分别是 54 元、109 元、121 元，对应的数量分别是 24 本、24 本、43 本，给出了四个总价 1296 元、2616 元、4783 元、5203 元，三种书的总价分别是多少呢？要解决这道题，可以用到估算、笔算两种方法。而估算的运用不是简单地让学生把因数用四舍五入法看成整十整百的数来计算，而是要选择合适的方法进行判断。此时可使用的方法就比较多了。第一，是通过积的个位进行判断，这种方法可以判断 1296 与 2616 分别是 54×24 与 109×24 的积，121×43 的积可能是 4783 与 5203 中的一个。第二，看因数的大小判断积的大小，54×24 的两个因数小于 109×24，所以积也一定比它小，由此学生可以得出 1296 是 54×24 的积，2616 是 109×24 的积。第三，估成整十整百的数，121 估成 120，43 估成 40，120×40=4800，因为因数都估小了，所以积一定大于 4800，而 4783 就不是 121×43 的积。

知识只有用了才能转化成能力，学生只有在生活情境中通过解决问题，才能对知识进行运用。

2. 结构关联，渗透类比思想

类比思想是根据知识的相似性，由此及彼产生的一种数学思想。数学的知识结构化在所有学科中尤为突出，知识之间联系紧密，方法也相通，所以才有了通一题会百题的说法。因此，数学的教学更关注的是知识的结构化，把所有相关的知识点联结起来形成一个体系，学生通过方法迁移把新知转化成旧知，在思考辨析的过程中，进行方法的拓展，完善知识结构，实现自我发展。

教师在教学三位数乘以两位数时，前期是两位数乘以两位数，后续还可以拓展到多位数乘以三位数、多位数乘以四位数，这节课是承上启下的关键点，它们的算理和算法相同，知识结构是一样的。因此，著者在教学这节课时，将重点放在方法的比较迁移上，通过比较迁移发现一般方法，从而总结出多位数乘法计算方法。在教学中，第一轮比较的是两位数乘以两位数和三位数乘以两位数。例如，54×24 和 109×24 都是把 24 分成 20 和 4，先计算 4 个 54 和 4 个 109，再算 20 个 54 和 20 个 109。我们发现无论第一个因数是几位数，都是把第二个因数分解成几十和几，先算几个几，再算几十个几，至于第一个因数是两位数还是三位数都是一样的。第二轮迁移，把三位数乘以两位数的方法迁移到三位数乘以三位数。当第二个因数是三位数的时候（如 168×124），怎么分呢？通过迁移得出 124 分可成为 100+20+4，再与三位数乘以两位数的方法比较，发现方法是递进式的，它们的本质是一样，都是分第二个因数，当因数是两位数时，可分为几个几和几十个几，拓展到因数是三位数时增加几百个几。顺着这个思路，学生很容易对方法进行拓展，第二个因数是四位数时，就增加几千个几，以此类推下去，多位数乘法的知识结构则形成了，学生能很好地理解乘法计算的本质。

还有一种关联是学习方法结构的关联，最后一道算式是 $162×24$，当学生一致认为只能通过笔算得出结果时，教师引导学生观察，这个算式与前面的 $54×24$、$109×24$、$121×43$ 这三个算式中的哪个算式有关联。学生通过观察能发现 $54×24$ 与 $109×24$ 都与 $162×24$ 有关联，都有一个因数 24，其中 $54×24$ 中的 54 的 3 倍是 162，因此，本题不用列竖式计算 $162×24$，只需要根据这种方法推理得出，用 $54×24$ 的积（1296）乘以 3 就能算出 $162×24$ 的积。

寻找关联形成结构，能够让数学的学习不再是碎片化，运用类比的思想能做到学一个知识，会一片知识，学生的主动学习的能力将得到很大的提升。

3.情理相融，渗透集合思想

集合就是把确定的，彼此可以区分的，具体的以及想象的对象看作一个整体。集合思想是一种很重要的数学思想，现代数学的很多概念都是在它的基础上建立的。因此，在小学数学中渗透集合思想显得尤为重要，它可以帮助学生深刻地理解知识，还能培养学生对事物进行辨析和归类的能力，有助于提高学生思维的条理性。

表示三位数乘以两位数的积的范围的时候，笔者设计了如何在数轴上表示积的范围一题。首先，出示一个开放式的算式

□□□×□□＝？，让学生猜测积是多少。学生得出结果各不相同，有的开始猜测积的数量，并认为积的得数有无数个。教师接着追问：一直数都数不完吗？学生又产生质疑：似乎也不会数不完。数到哪里才到头呢？学生想到999×99，就是用最大三位数乘以最大两位数得到的是最大的积。有了终点自然就想到了起点，那就是100×10，最小三位数乘以最小两位数是最小的积，这样积的取值范围就找到了：大于1000且小于98901。那么怎样才能直观地看到这些数呢？此时教师出示数轴，学生用大括号把1000和98901连接起来，三位数乘以两位数的积就在这两个数之间，可能是四位数，也可能是五位数。

通过渗透集合思想，学生能够开拓思维、加深理解、提升数学素养，形成科学的思维方式和思维习惯。

4.枚举验证，渗透数形结合思想

数形结合是将抽象的数学语言和直观的图形结合，借助数的精确性来阐述形的某些属性，又能借助形的直观性来阐述数量之间的关系。小学阶段的学生形象思维占据主导，是形象思维向抽象思维过度的重要阶段，数形结合符合小学生的思维方式，能有效地将数学思考过程直观化，从而帮助学生形成数学思维。

本节课在课后练习中有一道题：132×43和131×44，怎样快速地判断这两个积哪个比较大？这两个算式因数的和都是175，两个因数之间的差越小，它们的积越大，所以132×43的积小于131×44的积。但是，学生对这个规律的理解是有一定的难度的，我们运用数形结合的方法学生就容易理解了。教师可以让学生先选择小点的数字，这样比较容易观察。学生选择了因数的和是10的算式，例如1×9＝，2×8＝，3×7＝，4×6＝，5×5＝，6×4＝。用正方形来代替数据，1×9就是1个9相加，2×8是2个8相加，以此类推展示图形。学生逐次进行观察，很容易得出"两个因数和相同，因数之间的差越小，积越大"的结论。

（1）1×9。

（2）2×8。

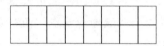

（3）3×7。

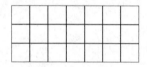

（4）4×6。

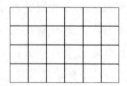

（5）5×5。

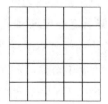

（6）6×4。

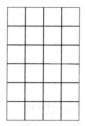

　　直观的图形把抽象的数据形象化，能帮助学生更好地理解算式中的算理，提升学习能力。

　　数学的学习是由一个个的实践活动过程组成的，这个活动需要学生的主动参与，通过观察、操作、思辨、表达，把抽象的知识内化成素养，让数学的学科价值得以彰显。

第三章　数学方法的意义及应用

第一节　数学方法的意义

在对自然科学的研究中，数学方法是一种不可缺少的认识手段和辅助工具。一门经验科学，如果没有适当的数学工具作精确的刻画和描述，是不可能达到应有的精确度和可靠性的。马克思认为，一种科学只有在成功地运用数学时，才算达到了真正完善的地步。现代，数学方法正日益渗透到各门科学和社会生活的各个方面，它和电子计算机的结合运用，已成为科研工作不可缺少的条件和工具。

数学方法是指某一数学活动过程的途径、程序、手段，是提出、分析、处理和解决数学问题的概括性策略，它具有过程性、层次性和可操作性等特点。数学方法是解决问题的策略与程序，是数学思想具体化的反映。

数学方法对于数学的发展起着关键性的推动作用，许多复杂问题的解决，往往取决于数学概念和数学方法上的突破，如古希腊三大尺规作图难题，就是笛卡尔创立解析几何之后，数学家们借助解析几何，采用了 RMI 法（关系—映射—反演），才得到彻底解决的。这又启发了后来的数学家们采用类似的办法解决了欧氏几何与实数理论的相对相容性问题。又如，代数方程的根式解等问题，也是在伽罗瓦理论思想与方法的指导下，才得以圆满解决的。

第二节　数学方法的应用

客观事物都是质和量的统一体，事物的质变和量变是紧密联系的。研究事物，只有注意对量进行考察和分析，才能更准确地认识事物的质。数学是专门研究量的科学，要研究事物量的规定性，就必然要运用数学方法。

运用数学方法，就是利用数学所提供的概念、理论和方法，对客观对象进行量的分析、描述、推导或计算，以期对事物做出说明和判断，找出其内在联系的数学表现形式，从而达到对事物认识的新高度。

作为一种形式化的认识方法和手段，数学方法有几个明显的特点：第一，抽象性。这是由数学这门学科的研究对象的特点所决定的，数学是"一种研究思想事物的抽象的科学"。现实中的事物只有经过抽象、纯化以后，才能成为数学中可以直接处理的对象，即所谓思想事物。数学方法就是运用这种抽象的思想事物来分析、考察和表述事物的量的关系的，数学的概念、理论的抽象性，就形成了数学方法的抽象性。例如，我们在进行加、减、乘、除以及微分、积分等数学运算时，使用的是抽象的数字和概念；在几何学的研究中，运用的是抽象的"点""线""图形"等概念，并不考虑其现实对象的具体性质和内容。第二，精确性，即逻辑的严格性和结论的确定性。在数学的运算及理论研究中，从确定的概念、定义出发，按照一定的逻辑法则进行推理，所得的数学结论就具有逻辑上的确定性和必然性。例如，有关圆的性质的一些定理，主要是从圆（到一定点等距离的点的轨迹）的概念中引申出来的，并没有必要考虑在实验中检验每个定理的问题。第三，广泛性。数学的研究对象是现实世界的空间形式和数量关系。由于现实世界中的任何一种物质形态及其运动形式都具有一定空间形式和数量关系。因此，数学及其方法在日常生活中有着广泛应用。

第四章　常用的数学方法

小学数学中常用的基本数学方法有：分析法、综合法、归纳推理法、类比推理法、演绎推理法、枚举法、假设法、猜想验证法。

第一节　分析法和综合法

一、对分析法和综合法的认识

分析法与综合法都是思维的基本方法，在研究和解决数学问题时，分析法和综合法都是最基本的、具有逻辑性的方法。分析法与综合法本是两种方法，但因二者具有十分密切的联系，因此常将二者结合起来阐述。

分析法，就是把研究的对象分解成各个组成部分，然后分别对每个组成部分研究，从而获得对研究对象本质认识的思维方法。综合法，就是把原来还没有认识到的事物之间的联系，在认识中建立起来。分析法是把研究对象的整体分解为若干部分、方面和因素，分别加以考察，找出各自的本质属性及彼此之间的联系。综合法是把研究对象的各个部分、方面和因素的认识结合起来，形成一个整体性认识的思维方法。分析是综合的基础，综合是分析的整合和深入，综合与分析是相反的思维过程。我们在研究数学概念和性质时，往往先把研究对象分解成几个部分、方面和要素进行考察，再进行整合，从整体上认识研究对象，形成理性认识。实际上，教师和学生都经常运用分析法和综合法。例如，在认识等腰梯形时，可以从它的边和角等几个要素进行分析：它有几条边、几个角？四条边有什么关系？四个角又有什么关系？再从整体上概括等腰梯形的性质。另外，分析法在数学中还有一种特定的含义，一般被理解为：在证明和解决问题时，从结论出发，一步一步地追溯到产生这一结论的条件是已知的为止，是一种"执果索因"的思考方法。综合法一般被理解为：在证明和解决问题时，从已知条件和某些定义、定理等出发，经过系列的运算或推理，最终证明结论或解决问题，是一种"由因导果"的思考方法。例如，解决小学数学中的问题，可以由问题出发逐步逆推到已知条件，这是分析法；从已知条件出发，逐步求出所需答案，这是综合法。此外，分析法和综合法在中学数学作为直接证明的基本方法，应用比较普遍。因此，分析法和综合法是数学学习中应用较为普遍，且相互依赖、相互渗透的方法。

二、分析法和综合法在教学中的应用

小学数学教育比较重视对学生逻辑思维能力的培养，教师在教学过程中重视培养学生的分析、综合、抽象、概括、判断和推理能力，其中培养学生分析和综合的能力、推理能力是很重要的方面。例如，在解决问题时重视分析法和综合法的运用，也就是说可以先从问题出发，找出解决问题需要的已知条件，未知的条件又需要什么条件去解决，一步一步倒推，直到利用最原始的已知条件解决问题。分析了数量关系和解题思路后，再利用综合法根据已知条件列式解答。再例如，学生在学习概率统计时需要对各种统计数据整理和描述，并进行分析和综合，做出合理的判断和预测，分析法和综合法是培养学生分析问题、解决问题和推理等能力的重要的方法。

第二节　归纳推理法

一、对归纳推理法的认识

所谓归纳推理法是由个别的或特殊的知识类推导一般的规律性知识，即依据一类事物中部分对象的相同性质推导出该类事物都具有这种性质的一般性结论的推理方法。例如，通过观察、实验、比较、分析、综合，形成对思维对象的共性认识，然后，归纳结论。小学数学中的运算定律、性质及法则，许多是用归纳推理概括出来的。例如，乘法的交换律是通过枚举几个"两个因数交换位置相乘，积不变"的例子归纳出来的，就是运用了归纳法。归纳法分为完全归纳法和不完全归纳法，完全归纳法是根据某类事物中的每个事物或每个子类事物都具有某种性质，而推导出该类事物具有这种性质的一般性结论的推理方法。完全归纳法涵盖了所有特殊对象，所得出的结论是可靠的。不完全归纳法是通过观察某类事物中部分对象都具有（或都不具有）某种性质，推导出该类事物都具有（或都不具有）这种性质的一般性结论的推理方法。数学归纳法的结论可能为真也可能为假，需要进一步证明结论的可靠性。

二、归纳推理法在教学中的应用

显而易见，归纳推理法就是在大量的数据或者例子中找出它们共同的特征或者规律，然后用具体的语言将这些特征归纳表达出来，在以后的学习中若是再遇到类似的问题时就可以直接利用这个特征或规律解决问题。例如，在教学五年级下册"因数和倍数中3的倍数特征"时，教师让学生随意说数字，教师很快就能说出这个数是否为3的倍数，此时学生们都投来了羡慕的眼光，其实这里面有一个小秘诀正等着同学们去发掘、探索。通往知识宝藏的钥匙就藏在百数表里，让我们一起来收集寻找钥匙的线索吧——在百数表中圈出3的倍数。学生不难找出百数表中3的倍数有3、6、9、12、15、18、21、24等，学生通过认真观察，再加上教师的适当引导，学生很快发现了以下规律——12：1+2=3；15：1+5=6；18：1+8=9；21：2+1=3；24：2+4=6……它们计算得到的3、6、9都是3的倍数，教师让同学们先用自己的话来描述一下3的倍数的特征，同学们争前恐后地把3的倍数特征总结归纳出来，找到方法后，同学们都变得和教师一样厉害了。待同学们尝到成功的喜悦后，教师再趁热打铁介绍一下刚才同学们用到的方法就是我们数学中的归纳推理法，有利于学生今后更系统地整理和使用。

第三节　类比推理法

一、对类比推理法的认识

类比推理法，是从特殊到特殊的推理方法，即依据两类事物的相似性，用一类事物的性质去推测另一类事物也具有该性质的推理方法，也称为类比法。依据该方法得到的结论可能为真也可能为假，需要进一步证明结论的可靠性。例如，根据整数的运算律，小数可以与整数进行类比，得出小数具有同样的运算性质。

类比不同于比较，类比是在比较的基础上进行的推理，而比较则是认识两类事物异同点的一种方法。类比法与归纳法的不同之处在于，类比法是从特殊到特殊的推理，归纳法是从特殊到一般的推理。但它们也有相同之处，它们的结论都是带有或然性，即正确与否都是不确定的，有待证明。

新知识的学习需要建立在已有知识结构上，与旧知识进行类比，这样新知识才会更加牢固，更有支撑点，才能更好地使新知识纳入已有的知识体系中，形成新的认知结构。

类比是通过对两个研究对象的比较，根据它们某些方面（属性、关系、特征、形式等）的相同或相类似之处，推出它们在其他方面也可能相同或相类似的推理方法。类比所获得的结论是通过对两个研究对象的观察比较、分析联想再形成猜想来完成的。利用类比法，可使我们的思维能力、观察能力得到锻炼。在各种逻辑推理方法中，类比推理法是富于创造的一种方法，类比思想

175

的渗透对于学生的知识迁移、建构系统、培养学生的创造能力有着至关重要的作用，其主要表现在以下四个方面。

（一）类比推理法有助于培养学生的推理能力

数学中的类比无处不在，如万以内数的认识与大数的认识、长方体与正方体的认识、小数乘法与整数乘法、分数与百分数等都有可以类比之处，通过类比可以让学生体验知识的内在联系，感悟、发现知识的形成过程和方法。教师通过在教学过程中渗透类比思想，学生更容易从已知的事实出发，按照一些确定的规则进行逻辑的推理，进行证明和计算，经历一个从一般到特殊的推理过程，从而发展演绎推理的能力。同时，从已有的事实出发，凭借经验、直觉，通过归纳和类比等方法进行推断，以获得一些可能性结论，从而培养合情推理的能力。

（二）类比推理法有助于发展学生的数学思考能力

数学思考是以一个或多个数学研究对象为载体进行分析、综合、推理、判断的思维活动，从而发现、提炼有关数量、结构、变化以及空间模型等概念的过程。类比作为一种方法具有启发思路、提供线索、触类旁通的作用，在分析、综合，推理、判断这一系列思维过程中起到重要作用。如平行四边形的面积公式为：底 × 高 $=ah$。通过类比，三角形的面积公式可以归纳为：底 × 高 $\div 2=ah \div 2$。平行四边形和三角形有相似点，有底有高，但三角形与平行四边形的不同之处在于需要两个完全一样的三角形才能拼成平行四边形。这里底和高就是相似之处，要再除以 2 才能算出三角形的面积就是在借助类比的方法。学生不仅在类比的情境中建立新概念、发现新问题，而且学会研究事物的方法，发展数学思考的能力。

（三）类比推理法有助于学生自主探索，培养创新能力

类比推理法是数学中非常重要的思想，在数学教学中运用类比推理法培养学生的创造能力是最为有效的途径之一。这是因为它既可以比较本质的特征，也可以比较非本质的特征，因而具有较强的探索性和思维开放度。著名数学家波利亚曾经指出，"没有类比，在初等和高等数学中也许就不会有所发现，在其他学科中也不会出成果的"。① 类比就是一种大胆的、合理的推理，是创新的一种手段。因为有了类比，在研究一个问题时，学生更容易打破常规思路，不受原有知识的约束，大胆提出设想，从而培养创新能力。

（四）类比推理法有助于提升学生解决问题的能力

在解决问题的过程中，当学生面对一个崭新或稍微复杂的问题而陷入僵局时，教师应启发他们去寻找另一个比较熟悉或比较简单的问题作为类比对象，有时原问题与类比对象的解决途径和方法比较类似，有时类比对象的解决途径和方法提供了一种解决类似问题的模式或程序，通过类比，可获得原问题的解决途径和方法。学生借助这些方法、途径，能提升他们解决问题的能力。

二、类比推理法在教学中的应用

我们在学习中经常会遇到相似的知识，此时教师要引导学生进行类比。如在复习"商不变的性质、分数的基本性质、比的基本性质"等知识时，这类知识间的内在联系有很大的相似之处，

---

① 林碧珍.数学思维养成课——小学数学这样教 [M].福州：福建教育出版社，2013:129.

通过类比思维寻找"商不变的性质、分数的基本性质、比的基本性质"存在着普遍的推理方法，知道"除法"是一种运算，"分数"是一个数，而"比"是两个量间的关系，比的前项相当于分子（或被除数），比的后项相当于分母（或除数）等本质的区别与联系。教师在复习过程中应引导学生充分运用类比的方法揭示知识间的内在联系，找出比、分数、商三者间的关系并区分其异同点，使学生在掌握系统知识的同时感悟到类比是一种寻求解题思路、猜测问题答案或结论的方法。

教师在教学时应先复习旧知，将旧知识中分析过程和掌握方法迁移到新知识上来，再加上教师的引导和学生的自主探索，从而内化为学生自身的技能。例如，教师在教学"长方体和正方体的认识"一课时，应引导学生通过看一看、摸一摸、分一分、填一填等各种感官体验，让学生掌握长方体的基本构造，以及各个构造之间的联系，即长方体面、棱、顶点的特征。接着用同样的方法引导学生认识正方体，让学生自主地将正方体的面、棱、顶点的特征寻找出来，而且还能将二者进行对比，找出其中的异同点，使学生运用类比方法加深对所学新知的理解。

类比推理能帮助学生理解并解决复杂且有一定难度的数学问题。学生在类比推理的过程中，不仅可以培养他们的想象力、创造力、发散思维能力，还可以促进学生独立探索、研究问题的能力。以"圆的面积"教学为例，教师可以这样安排：多媒体出示教材中的主题图，让学生明确所求的草坪面积即是圆的面积。师：同学们，圆的面积我们还不会求，不过，大家还记得平行四边形、三角形、梯形的面积公式都是怎样推导出来的吗？那么，平行四边形是怎样推导出来的？生：用"割补法"，沿着平行四边形的一条高剪下，将平行四边形分割成两个直角梯形，再通过平移、拼接成长方形来求解。师：同样请大家思考下，能不能把圆也转化成我们学过的图形来解决这个问题呢？

这个教学过程中蕴含着类比推理的方法，通过复习用"割补法"变平行四边形为长方形来推导平行四边形的面积公式，启发学生思考能否利用"割补法"推导出圆的面积公式。

第四节　演绎推理法

一、对演绎推理法的认识

演绎推理法是一种从一般到特殊的推理方法。演绎推理法包括三段论、反证法、数学归纳法、算法逻辑等。演绎推理的思维方法在小学数学的探究学习中应用广泛，有助于学生探索解决问题的思路，发现结论。

有两个前提（直言命题）和一个结论（直言命题）的演绎推理，称为直言三段论，简称三段论。三段论是演绎推理的一般模式，大前提已知的一般原理，小前提所研究的特殊情况，结论根据一般原理，对特殊情况做出的判断。例如，4 的倍数都是偶数，8 的倍数都是 4 的倍数，所以 8 的倍数都是偶数。又如，低年级学生"算加法想减法"，实际上是以加、减互逆关系作为前提，从而推算出减法算式的计算结果。

三段论一般要借助于一个共同的词（项）把两个命题联系起来，然后推出一个新的命题（结论）。两个前提包含的共同项称为"中项"，上述例子中的"4 的倍数"就是中项；大前提与结论包含的共同项就是大项。

二、演绎推理法在教学中的应用

演绎推理法作为数学的一种重要的证明方法，小学数学中有很多结论的推导过程中都应用了演绎推理的省略形式。如推导出平行四边形的面积公式后，三角形的面积公式的推导过程是先把两个相同的三角形拼成一个平行四边形，再根据平行四边形的面积公式推出三角形的面积公式，这个过程实际就是演绎推理的过程。

第五节　枚举法

一、对枚举法的认识

在解决有关计数问题的过程中，若需要计算的次数不多，我们通常可将要计数的所有对象一一列举出来，从而求出总数，这种计数方法称为枚举法或列举法。枚举法与分类讨论方法类似，需要先确定分类标准再进行计数，同时保证计数不重复、不遗漏。

枚举法因其思维简单、方法直观而被小学生接受，但又因其需要一一列举的烦琐性，而不宜被推广到大数目的计算中。

当计算机出现以后，计算机因运算速度快、精确度高，从而可以代替烦琐的人工计算，对要解决问题的所有可能情况，一个不漏地进行检验，从中找出符合要求的答案，因此，枚举法是通过牺牲时间来寻找答案的。破译密码就是应用了枚举法，简单地说就是将密码进行逐个推算直到找出真正的密码为止。例如，一个全部由数字组成的四位密码，其组合数共有 10000 种，也就是说最多尝试 9999 次才能找到真正的密码，我们可以通过计算机来进行逐个推算，解开任何一个密码只是一个时间问题罢了。

二、枚举法在教学中的应用

枚举法是将问题所涉及的所有情况全部列举出来，逐一加以讨论，从而解决问题的一种方法。当问题出现的情况是有限的，而且这些情况又无法统一处理时，就可以用枚举法来解决。

【例】

有面值为 1 分、2 分、5 分的硬币各 4 枚，一共要支付 2 角 3 分，有多少种不同的支付方法？

解：要付 2 角 3 分即 23 分，最多可以使用 4 枚 5 分硬币，而全部 1 分和 2 分的硬币一共才 1 角 2 分即 12 分，所以最少要用 3 枚 5 分硬币。

（1）使用 4 枚 5 分硬币时，有 2 种支付方法：

$23=4\times5+2+1$，即 4 枚 5 分硬币、1 枚 2 分硬币、1 枚 1 分硬币；

$23=4\times5+3\times1$，即 4 枚 5 分硬币、3 枚 1 分硬币。

（2）使用 3 枚 5 分硬币时，有 3 种支付方法：

$23=3\times5+4\times2$，即 3 枚 5 分硬币、4 枚 2 分硬币；

$23=3\times5+3\times2+2\times1$，即 3 枚 5 分硬币、3 枚 2 分硬币、2 枚 1 分硬币；

$23=3\times5+2\times2+4\times1$，即 3 枚 5 分硬币、2 枚 2 分硬币、4 枚 1 分硬币。

一共有 5 种支付方法。

第六节 假设法

一、对假设法的认识

假设法是通过对数学问题的一些数据进行适当的改变，然后根据题目的数量关系进行计算和推理，再根据计算所得数据与原数据的差异进行修正和还原，最后使原问题得到解决的思想与方法。假设法是小学数学中比较常用的方法，实际上也是转化方法的一种。假设法的本质是根据原来的数据、数量关系和逻辑关系，通过改变一些数据，把原问题转化成新的问题，使新的问题更易于理解和解决。它是一种"迂回战术"，表面上看解题的步骤变多了，但实际上更有利于计算和推理，并有助于培养学生灵活的思维方式、解决问题的能力和推理能力。

二、假设法在教学中的应用

假设法在小学数学中的应用比较普遍，例如，在有关分数的实际问题，比和比例的实际问题，鸡兔同笼问题，逻辑推理问题，图形的周长、面积和体积等问题中都有应用。

小学数学题中的有些问题数量关系比较隐蔽，难以建立数量之间的联系，或题目中的数量关系抽象，学生无从下手。此时，可以根据问题的具体情况合理假设，由此得出一些关系和结论，进而产生差异与矛盾，再通过分析与思考找出差异的原因，使复杂问题简单化、数量关系明朗化，从而达到解决问题的目的。

【例】

养鸡场分三次把一批肉鸡投放到市场，第一次卖出的比总数的 $\frac{2}{7}$ 多 100 只，第二次卖出的比总数的 $\frac{3}{7}$ 少 120 只，第三次卖出 320 只。这批鸡共有多少只？

【分析】

这道题的特点是分率后面还有具体数量，此时我们可以假设没有后面的具体数量，这样学生有助于思考。假设第一次正好卖出总数的 $\frac{2}{7}$，把多的 100 只放在第三次卖出，即第三次要多卖出 100 只；假设第二次正好卖出总数的 $\frac{3}{7}$，那么少的 120 只需要从第三次取出来，即第三次要少卖出 120 只。这样，第三次卖出的只数是 320+100−120=300（只）。由此，可求出这批鸡共有

$$300 \div (1 - \frac{2}{7} - \frac{3}{7}) = 1050（只）。$$

第七节　猜想验证法

一、猜想验证方法的认识

数学猜想实际上是一种数学想象，是人的思维在探索数学规律、本质时的一种策略。它是建立在已有的事实和经验上，运用非逻辑手段而得到的一种假定，是一种合理推理。数学猜想能缩

短解决问题的时间、能获得数学发现的机会、能锻炼人们的数学思维能力。数学猜想并不是胡思乱想，它的基本思维模式是：问题—反复思索—联想、顿悟—提出假说—验证结论。猜想验证是一种重要的数学思想与方法，正如荷兰数学家、教育家弗赖登塔尔所说，"真正的数学家常常凭借数学的直觉思维做出各种猜想，然后加以证实"。①

　　在学习教学的过程中，猜想验证法是一个重要的学习方法和解题手段。在小学数学教学过程中，教师应当积极引导小学生猜想验证能力的发展。我们知道数学猜想是指根据已知的条件和数学基本知识，对未知量及其关系所做出的一种似真判断，它对数学的发展，学生探索思维能力的培养、个性品质的形成起着重要的推动作用。据说爱因斯坦的不少发明和理论也都是由一定的猜想而产生的。从学生的数学学习过程来看，猜想是学生有效学习的良好准备，它包含了学生知识准备、积极动机和良好情感。在数学学习中，猜想作为一种手段，目的是验证结果是否正确，从而使学生积极参与学习的过程，主动地获取知识，培养学生的创新意识和实践能力，是新一轮课程改革的核心。学生敢于和善于猜想是创新的前提，教师在小学数学教学中要鼓励学生大胆想象、大胆质疑，让学生合理地进行猜想是培养学生创新意识的有效方法。猜想在小学数学学习中，发挥着独特的作用，它能缩短学生解决问题的时间，使学生获得数学发现的机会，锻炼学生的数学思维能力，激发学生学习数学的兴趣。

---

① 林辉庆．高中物理常用的数学思想方法 [M]．长春：东北师范大学出版社，2018:168.

二、猜想验证法在教学中的应用

猜想验证法是一种重要的数学思想与方法，是人的思维在探索数学规律、本质时的一种策略。因此，教师在小学数学教学中要重视猜想验证方法的渗透，以激发学生的学习热情和思维，使学生主动探索，从而获取学习数学的思想与方法。

（一）适当引导，让学生会猜想

每个人都有猜想的潜能，当一个人的思维被激活，情绪兴奋，急切地想知道某个问题的答案时，往往先进行猜想。但要让学生学会猜想、善于猜想，教师还要进行适当的引导，引导他们涉猎多领域的知识，引导他们借助生活经验，帮助他们形成良好的知识结构，因为学生的每一个猜想都是他们的生活经验与已有知识的拓展。

例如，教师在教学"可能性"一课时，由于学生已经有了一定的生活经验，教师在教学时可设计分组摸球的活动。先将学生分组，每人从袋中任意摸出一个球，然后放回袋中搅一搅再摸，再根据摸球的结果进行猜想：袋中可能放了什么颜色的球，为什么？学生根据自己的生活经验很快有了猜想的结果，有一个小组的同学在袋中既摸出了红球，还摸出了黄球，学生就猜这个袋中可能有红球也可能有黄球；另一组同学在袋中摸出的全部是红球，学生就猜这个袋中可能全是红球。这时教师追问："这个袋中可能有黄球吗，为什么？"随即学生讨论得非常激烈。学生通过摸球的活动，积极参与了"可能性"知识的形成过程。这样学生所获得的知识是有效的，更是有价值的。

（二）验证猜想，让学生体验成功

学生在课堂中积极思考，大胆猜想，他们的创新意识得到了激发。但要想知道猜想是否正确，教师必须引导学生对其进行验证，让学生体验到成功的喜悦，使学生知其然，还要知其所以然。

例如，教师在教学"能被 3 整除的数的特征"一课时，师问："我们已经知道了能被 2 和 5 整除的数的特征，那么，能被 3 整除的数可能会有什么特征呢？"有学生不假思索地说出了他的猜想："个位上是 3、6、9 的数都能被 3 整除。"教师没有对他的猜想做出评价，而是引导大家对这个猜想进行验证。很快，有学生提出"19、29 都不能被 3 整除"，这个猜想显然是错误的。在经历了猜想的失败后，学生认识到不能按原来的经验猜想，应该换个角度寻找能被 3 整除的数。十位和个位调换后仍然能被 3 整除，如 12、21、15、51。教师立即出示了一组数：345、354、435、453、534、543。学生计算后发现它们都能被 3 整除，这一发现又激发了学生的猜想：能被 3 整除的数的特点可能与各个数位上的数字之和有关。于是，学生又投入对这一猜想的验证中。在这种猜想—验证—再猜想—再验证的过程中，学生的思维逐步完善。

第八节　数学方法的应用案例

案例 4-1　**运用猜想激活课堂**
　　　　　——"三角形内角和"教学例谈

　　著名数学家、教育家 G. 波利亚在他的著作《数学与猜想》中说过，"在数学领域中，猜想是合理的，是值得尊重的，是负责任的态度。数学猜想能缩短解决问题的时间，能获得数学发现的机会，能锻炼数学思维"。因此，教师在教学中必须重视引导学生进行合理猜想，而学生积极、主动地探究问题，需要猜想来引发，没有猜想，就不会有探究的过程。

1. 提问——激发猜想

　　猜想是思维发展的动力，可以激发学生的求知欲望，使他们不断探索。在探索过程中，他们也感受到了猜想的乐趣，享受到成功的喜悦。因此，让学生进行猜想显得尤其重要，适当的提问就是一种激发猜想的好方法。

　　例如，教师在教学"三角形内角和"一课时，首先出示一个三角形纸片，并向学生询问三角形三个内角在哪里。然后将它的三个内角编上序号1、2、3，分别称为∠1、∠2、∠3。

师：∠1、∠2、∠3就是三角形三个内角，三个内角加起来的和就是它的内角和。

师：那么，大家猜一猜三角形的内角和该是多少度？

生1：三个内角之和应该180°。

生2：我也认为，三角形三个内角的和是180°。

师：你们都猜测三角形的内角和是180°，怎么验证你们的猜想是正确的呢？

教师提出的问题像一块石子投进了学生的"思维湖面"，激起了"千层浪"，从而激发学生探究的欲望。

著名数学家、教育家G.波利亚说过，"数学的创造过程与其他任何知识的创造过程是一样的。在证明一个数学定理之前，你先得猜测这个定理的内容，在你完全做出详细的证明之前，你先得推测证明的思路"。这些想象、联想和直觉以已知知识为基础，因而有科学性；直接超越已知知识，因而有创新性，虽无逻辑约束因而未必可靠，却又是引起一切严格的推理和验证的前提。教师精准的提问能够"一石惊起千层浪"，让学生把已有的知识经验和思维经验汇集起来。提问是猜想萌芽的温床，也是建立"猜想—验证"思维模式的基础。

2. 操作——验证猜想

苏霍姆林斯基认为，"在人的心灵深处，都有一种根深蒂固的需要，这就是希望自己是一个发现者、研究者、探索者。而在儿童的精神世界中，这种需要特别强烈"。因此，在学生进行探究活动时，教师不要把知识或结论像配置好的快餐那样为学生提供现货，而是先加入"猜想"这一催化剂，让学生先猜一猜，再验证自己的猜想是否正确，从而激发学生主动参与数学知识探究与验证的积极性。例如，教师在教学"三角形内角和"时，当学生猜想三个内角之和是 $180°$ 之后，教师就要引导学生动手操作去验证自己的猜想是否正确，放手让学生去操作、去验证。

第一次操作：在得出三角形内角和定理前，学生通过"量一量、算一算"的动手操作活动，去验证三角形三个内角之和是否是 $180°$。

第二次操作：在初步得出"三角形的内角和等于 $180°$"的定理后，学生通过"剪一剪、拼一拼"的实践操作来进一步验证新知识。教师可借助多媒体课件的直观演示和实物，让学生直观地了解如何进行拼一拼的活动，增强活动的有效性。为学生的有效学习提供一个正确的指导。

这两次操作活动都体现了让学生在"在做中学"的教学策略。首先，当学生运用猜想得出结论时，这个结论仅仅是猜想，它正确与否，必须通过研究探索进行科学验证。著名数学家、教育家 G. 波利亚说过，"学习任何知识的最佳途径都是由自己去发现，因为这种发现理解最深刻，也最容易掌握其中的内在规律、性质和联系"。只有让学生经历那种"满怀欲望、痛苦、茫然、激励、充实和喜悦"的探究过程，才能最大限度地促进学生的发展。其次，这也是一种新的实践与探索，教师尽快地让学生自己活动起来，让学生动口、动脑、动手，这种符合学生天性的学习方法使学生对学习变得兴奋不已，当学生真正拥有了学习的自主权，他们就会大胆地去探究、去验证。

通过动手验证，学生对知识从感性认识上升到理性记忆。学生在猜想中找到正确的答案，在实践中验证了猜想的准确性，加深了对知识发生过程的理解，从而也建立了"猜想—验证"的思维模式。

3. 应用——拓展猜想

学生探求知识的思维活动，总是由问题开始，并在解决问题的过程中得到发展的。在巩固应用阶段，要调动学生头脑中已有的数学信息，并对其进行迁移与重组，从而拓展新的思路、获得新的突破、激发新的猜想、引导新的思考。如教师在教学"三角形内角和"之后的巩固应用时，应引导学生再次进行猜想。

师：若把一个大三角形剪成两个小的三角形，每个三角形的内角和是多少度，说明理由？

师：我们知道了三角形的内角和是180°，那么，大家再猜一猜四边形、五边形、六边形的内角和分别是多少度？你们是怎样想的？

在巩固应用时，教师也要充分利用猜想，为学生提供更多自主思考的机会，激发学生探究的兴趣，提升学生的学习潜能。在学生拓展所学新知、理解掌握所学内容的同时，也提高自主学习的能力。因此，在应用知识时，教师也要鼓励学生大胆地去猜想，引导学生去探究、去验证，从而培养学生的探究精神与实践能力。

总之，"学起于思，思源于疑"。教师应重视引导学生积极猜想与验证，努力提高学生的猜想水平与验证能力，从而建立"猜测——验证"探究学习新知的过程。

案例 4-2　**让学生在"猜想—验证"中学会新知**
　　　　　　——"三角形面积计算"的教学片段与
　　　　　　　　评析

[教学片段]

　　教师首先引导学生回忆旧知：（1）画三角形的高。（2）复习平行四边形、长方形的面积计算方法。

　　师：我们已经知道长方形、正方形、平行四边形的面积计算方法，今天我们就来学习三角形面积计算。

　　（出示课题）

　　师：大家想一想、猜一猜，三角形的面积与什么有关系？

　　生1：我认为三角形面积与它的边有关系。

　　生2：我认为三角形面积与它的形状有关系。

　　生3：我认为三角形面积与它的底和高有关系。

　　【评析】

　　教师在学生学习新知识前注意做好铺垫工作，并能依据学生已有的经验引导学生进行猜测，激发学生的学习热情与求知欲望。

[教学片段]

师：大家的猜想是否正确，下面就让我们一起来验证三角形面积究竟与什么有关系，好吗？

师：老师给每位同学一袋学具（内有两个完全一样的三角形、一个长方形、一个平行四边形和大小各异的任意三角形若干个）。请大家先独立思考、动手操作进行验证，并把验证方法在小组内交流，然后进行汇报。

生4：我们小组是把两个完全一样的直角三角形、锐角三角形、钝角三角形分别拼成一个长方形或一个平行四边形。那么，原三角形的面积等于长方形面积的一半，或等于平行四边形面积的一半，即三角形面积＝平行四边形面积÷2＝底×高÷2。

生5：我们小组将一个平行四边形或一个长方形沿着它们的对角线剪成大小完全一样的两个三角形。所以三角形面积等于长方形面积的一半或等于平行四边形面积的一半，即三角形面积＝平行四边形面积÷2＝底×高÷2。

生6：我们小组还有另外一种方法，将一个等腰三角形沿高对折，可以剪拼成一个长方形，这个长方形的长等于三角形底的一半，宽等于三角形的高，因此，三角形的面积＝长方形的面积＝（底÷2）×高＝底×高÷2。

生7：老师，我们小组还有一种验证方法，将一个三角形沿着它的两条边的中点剪拼成一个平行四边形，平行四边形的底是三角形的底，平行四边形的高是三角形的高的一半。

师：大家真会动脑筋！采用了多种方法来验证自己的猜想，有的同学用两个完全一样的三角形，有的同学用长方形或平行四边形，也有的同学用一个三角形来推导出三角形的面积计算公式，即三角形面积＝底×高÷2。

【评析】

学生学习数学的过程是一种"再创造"的过程。在这一过程中，学生要通过独立思考、动手操作、探索发现、交流汇报，进而推导出三角形面积计算公式。在探索验证的过程中，教师应为学生搭建自由探究的平台，给学生充足的探索时间，让学生在猜想与验证过程中学习新知。同时，学生也经历了数学知识的形成过程，掌握了三角形面积的计算方法，体验了方法的多样性，从而培养了学生的实践能力、求异思维与创新意识。

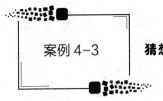

案例4-3　　**猜想验证法在教学中的渗透**

猜想验证法是一种重要的数学思想与方法。正如荷兰数学家、教育家弗赖登塔尔所说，"真正的数学家常常凭借数学的直觉思维做出各种猜想，然后加以证实"。因此，教师在教学时，要重视猜想验证法的渗透，以增强学生主动探索和获取数学知识的能力，促进学生创新能力的发展。

[教学片段]

（1）操作感知。

多媒体演示（图4-1）：长方形平面图由图4-1（a）逐渐变成图4-1（b）（长方形的宽不变，长增加），图4-1（a）逐渐变成图4-1（c）（长方形的长不变，宽增加），由图4-1（a）逐渐变成图4-1（d）（长方形的长增加，宽也增加）。

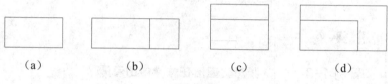

（a）　　　　　　（b）　　　　　　（c）　　　　　　（d）

图4-1

学生观察思考：①长方形的面积发生了什么变化？②从演示中，你觉得长方形的面积与它的什么有关？

学生初步感知：长方形的面积与它的长和宽有关。

学生拿出课前准备好的24张1平方厘米的正方形纸片，教师提供实验记录表格（表4-1）：

表4-1　记录表

长／厘米					
宽／厘米					
面积／平方厘米					

教师让学生用24张正方形纸片拼成尽可能多的长方形，拼

好后逐一将长、宽、面积等数据填在记录表中。

（2）提出假设。

教师引导学生观察表中的数据，并让学生独立思考：①这些图形的长和宽各是多少厘米？②这些图形的面积是多少平方厘米？③你发现每个图形的长、宽和面积之间有什么关系？

学生通过交流讨论，形成初步猜想：长方形的面积＝长×宽。

（3）验证规律。

教师适时引导：是不是所有长方形的面积都可以用"长×宽"来计算呢？能举例验证你们的发现是正确的吗？要想知道得出的结论是否正确，可以用什么方法来验证？

教师出示一个长5厘米、宽3厘米的长方形，让学生运用猜测的方法算一算，再用1平方厘米的小正方形摆一摆，看看面积是多少，结果是否相符。

学生分小组再次验证。

（4）归纳结论。

学生互相交流讨论长方形的面积计算公式，然后概括出公式：长方形面积＝长×宽。

思考：在面积计算公式中，"长×宽"实际上表示的是什么？

学生画出拼摆的长方形平面图，并隐去面积单位，想象长方形每排有几个面积单位、有几排，然后讲一讲一共有多少个面积单位。

学生通过感知—假设—验证—归纳，经历知识的形成过程，不仅获得了数学结论，更重要的是逐步学会了获得数学结论的数学方法——猜想验证法，提高了学生主动探索、获取知识的能力，增强了学好数学的信心。

1. 感知——播撒思想与方法的种子

感知是个体认识的开始，没有感知就不可能认识事物的本质和规律。心理学研究表明：人的感知越丰富，建立的表象越清晰，就越能发现事物的规律并获得知识。因此，教师在教学中要给学生提供充足的能揭示规律的感性材料，引导学生动手做、动脑想、动口说、动眼看，使学生在做一做、算一算、想一想、说一说、看一看中获得丰富的感性认识，建立清晰的表象，搭建起知识结构物化与内化的桥梁，促使学生形成初步的猜想。

例如，教师在教学"三角形的内角和"一课时，可设计以下几个环节：

（1）让学生随意画三个不同的三角形（锐角、直角、钝角三角形各一个）。

（2）让学生测量所画三角形每个内角的度数，并记录。

（3）让学生报出自己所画三角形内角的度数和，然后让学生猜一猜三角形三个内角度数的和大概是多少度。

这样，通过画、量、记、算、说，学生初步感知了三角形的内角和。至此，猜想三角形内角和已向学生渗透了。

2. 假设——展开猜测的翅膀

假设就是对所感知的事物做出初步的判断（可以是未经验证的），它是学生获取数学知识过程中的重要环节。波利亚曾说过，"一个孩子一旦表示出某些猜想，他就把自己与该题连在一起，会急切地想知道自己的猜想正确与否。于是，便主动地关心这道题，关心课堂上的进展"。因此，在学生大量感知且形成丰富的表象后，教师要给予学生充足的时间和空间，让学生根据自己的感知用自己的思维方式自由地观察思考、分析推理，逐步从感性认识上升到理性认识，然后相互交流讨论，形成合理的假设。

例如，教师在教学"分数化有限小数"一课时，可先提供一组分数：$\frac{1}{2}$，$\frac{2}{3}$，$\frac{3}{10}$，$\frac{3}{6}$，$\frac{3}{8}$，$\frac{2}{14}$。让学生算一算、看一看、想一想，然后让他们猜测：一个分数能否化成有限小数，与这个分数的哪部分有关，可能有怎样的关系？这样，经过一番或对或错的猜测后，学生达成共识：一个分数，如果分母中只含有质因数 2 和 5，那么这个分数就能化成有限小数。但这种共识还只是一种假设，不能作为最后的结论去应用，必须对其进行验证，以检验假设是否具有普遍性。

3.验证——把握思想与方法的方向

小学数学一般不要求进行严格的论证。因此，对于学生的假设是否具有普遍性，教师可从学生已有的生活经验和思维水平入手，提供足够的探索时间与空间，让学生进行探索活动，亲身经历尝试、探索、验证的过程，从而获得验证所学知识的能力。

例如，教师在教学"三角形的内角和"时，在学生提出初步的猜想后，教师可引导学生在操作中探索验证。（1）折一折：根据书中实验，分别折叠出三种不同的三角形，得到三角形的内角和是180°。（2）拼一拼：分别把每种三角形的三个角剪下来，拼在一起成为一个平角，得到三角形的内角和是180°。（3）算一算：把正方形的纸片沿对角线分成两个完全相同的三角形，由正方形4 个角是 90°×4=360°，推算出其中一个三角形的内角和是180°。

需要注意的是：当学生猜想出现错误时，教师不要立即给予否定或提醒，而应适时引导学生举例验证，必要时教师可举出反例，让学生在验证中发现猜想错误，进而调整思考方向，重新提出假设。

4. 归纳——收获思想与方法的果实

验证之后，教师要不失时机地引导学生说一说、议一议，让他们相互交流，达成共识，并在此基础上让学生准确地归纳概括出知识结论。归纳时，教师要引导学生深刻理解结论的普遍性和结论中的每一句话。例如，归纳"比的基本性质"时，让学生思考讨论："相同的数"是不是什么数都可以，为什么？在学生准确概括出比的基本性质后，再让学生举例说明这个性质，然后引导学生应用这个性质。这样，不但可加深学生对知识的理解，进一步巩固和掌握知识，而且可培养学生解决实际问题的能力。

布鲁纳认为，"学习者在一定的问题情境中，对学习材料的亲身体验和发现的过程，才是学习者最有价值的东西"。实践证明，在教学中重视猜想验证思想与方法的渗透，有助于学生迅速发现事物的规律，获得探索知识的线索和方法。这样，无疑会让学生在心理上产生一种极大的满足感，增强学好数学的信心，激发学习的主动性和参与性，从而更好地发展创造性思维，提高学生自主学习与分析解决问题的能力。

案例 4-4

"数学思考"教学如何引向深入
——"数学思考"教学片段与评析

"数学思考"是《数学》六年级下册总复习的内容，其中有例题：6个点可以连多少条线段？8个点呢？教学过程以找规律的形式让学生体会从简单入手、有序思考、归纳推理的方法得出一般结论，从而发展合情推理能力。实际上在寻找规律的过程中演绎推理也占了相当大的比重，如，学生通过归纳推理发现随着点数的增加，线段的数量总是增加"点数 −1"的规律后，会进一步用演绎推理的方式解释其中的道理。合情推理和演绎推理在数学思考的过程中从来都不是孤立进行的，而是互相交融、互为补充的。同时，教师可适当进行拓展，有意识地将不同"类别"之间建立"同构"关系，如"数同一直线上的线段""数角""数三角形"等。借助总复习进行方法的归纳，让学生体会到类比推理、一一对应和数学建模等思想与方法在数学中的应用。

[教学片段] 创设情境，提出问题

师：猜一猜，纸上的任意 8 个点，一共可以连成多少条线段？

生1：8 条。

生2：24 条。

生3：16 条。

生4：28 条。

师：大家来验证一下，你们猜得对吗？请大家拿出纸和笔在纸上任意点上 8 个点，并将它们每两点连成一条线段，再数一数，看看连成了多少条线段。

师：有结果了吗？

生1：太乱了，都数昏了。

生2：太难啦，数不了。

（师板书：难）

师：大家别急，今天我们就用数学的思考方法来解决这个难题。

（板书课题：数学思考——化难为易）

【评析】

先让学生猜一猜任意8个点一共可以连成多少条线段，然后让学生进行验证。连线看似简单，却感觉很乱也很容易出错。这样在课前制造一个悬念，不仅能激发学生学习的欲望，同时又为探究"化难为易"的数学方法埋下伏笔。

[教学片段] 自主探究，寻找规律

1. 从简到繁，动态演示，经历连线过程

师：用8个点进行连线，大家觉得有些麻烦且线条也很容易乱，应该怎么办呢？有什么好办法吗？

生1：如果把点减少一些，就会容易一些。

生2：先从2个点开始，逐步增加点数，寻找其中的规律。

师：好的，我们就从简单的2个点入手，逐步增加点数，找一找它有什么规律？最后将结果记录在表4-2中。

表4-2 连线记录表

点数	2	3	4	5	6
图形	··	···	··	···	····
总条数					

学生独立研究点数是2～6的情况，并发现其中的规律。

师：大家认真观察、对比分析，思考增加线段与点数的关系。

师：大家仔细观察这张表格，在这张表格里有哪些信息呢？看见这些信息你有什么发现？

生：每次增加的线段数和点数相差1。

师：当3个点时，增加条数是几？

生：2条。

师：那点数是4时，增加条数是多少？

生：增加3条。

师：点数是5时呢？

生：增加4条。

师：点数是6时呢？

生：增加5条。

师：那么，你们有什么新发现吗？

师小结：我们可以发现，每次增加的线段数就是点数减1。

【评析】

在经历了丰富的连线过程之后，教师引导学生从整体上进行观察、分析与比较表格中的线段与点数，逐渐增加点，从中发现每次增加条数就是点数减1，为后面推导总线段数的算法做好了铺垫。

2. 进一步探究，推导总线段数的算法

（1）分步指导，逐个列出求总线段数的算式。

师：大家知道了5个点可以连10条线段，现在你们有什么办法知道6个点、8个点可以连多少条线段吗？

生：连一连，算一算。

师追问：如果当点数再大一些时，我们这样去计算是不是很麻烦呢？大家看看它们有没有什么规律，可以吗？

师：我们先来看一看，2个点连1条线段，那么3个点时，可以连多少条线段？你是怎么知道的？

生：2个点连1条线段，增加一个点，就增加了2条线段，1+2=3（条），所以3个点就连了3条线段。

（根据学生回答，师板书）

师：4个点共连了6条线段，这又怎么计算呢？

生：计算3个点连出的线段数时，我们用了1+2，再增加1个点，就增加了3条线段，我们就再加3，所以列式为1+2+3=6（条）。

师：那么按着这个方法，你能列出5个点连出的总线段数的算式吗？

生：1+2+3+4=10（条）。

（2）观察算式，探究算理。

师：大家仔细观察这些算式，有什么发现吗？

生1：计算3个点连出的总线段数是1+2，计算4个点连出的总线段数是1+2+3，计算5个点的总线段数是1+2+3+4，它们都是从1开始依次相加的。

生2：我觉得计算总线段数其实就是从1开始加2，加3，加4，一直加到比点数少1的数。

生3：3个点连出的总线段数，就是从1加到2；4个点连出的总线段数，就是从1开始依次加到3；5个点时，就是从1一直加到4。这样推理下去，就是从1开始一直加到点数数减1的那个数。

师：那么你说的点数减1的那个数其实是什么数？

生：就是每次增加一个点时，增加的线段数。

（3）归纳小结，应用规律。

师：现在我们只要知道点数是几，就从1开始，依次加到点数减1，所得的和就是总线段数。同学们，你们明白了吗？

师：下面我们运用这条规律去计算一下 6 个点和 8 个点时连出的总的线段数，就请同学们把算式写在作业纸上。

（学生独立完成，教师巡视，再请学生板演算式集体评议）

师：如果是 n 个点，该如何列式？

生：$n(n-1) \div 2$。

【评析】

在探讨总线段数的算法时，我们同样沿用了从简到繁的思考方法。教师先引导学生探究 2 个点连接成 1 条线段，3 个点时连出的总线段数怎么得出的，再列出 4 个点和 5 个点时连出的总线段数的算式，让学生观察发现这些算式的共有特征（都是从 1 依次加到点数减 1 的那个数），从而让学生明白总线段数其实就是从 1 依次连加到点数减 1 的那个数的自然数数列之和。接着让学生用已建立的数学模型去推算 6 个点，8 个点时一共可以连成多少条线段？若有 n 个点，让学生进行拓展引申，归纳出可连接 $n(n-1) \div 2$ 条线段，这是数学思考在这节课中的一个升华，也是从特殊到一般的规律的探究。

[教学片段] 变换问题，建立对应

师：将 6 个点移到同一条直线上（图 4-2），这 6 个点能决定多少条线段？

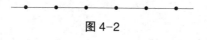

图 4-2

生：$6 \times 5 \div 2 = 15$。

师：将同一条直线上的 6 个点与直线外的一点依次连接，图

4-3 上有几个三角形?

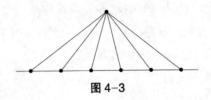

图 4-3

师:你是如何思考的?

师:大家还能像这样继续改变题目(图 4-4),通过一一对应去寻找答案吗?

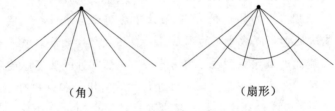

（角）　　　　　　　　　　（扇形）

图 4-4

【评析】

让学生经历图 4-4 的连线过程,引导他们通过观察、分析与比较,从而进一步发现规律,再通过变式训练与例题中的问题建立一一对应的联系,使学生懂得运用一定的规律去解决较复杂的数学问题,提高学生解决问题的能力,同时,也渗透了转化与化难为易的数学思想。

［总评］

"数学思考"是总复习的例题,主要是让学生通过寻找规律来解决实际问题。例 1:"6 个点可以连成多少条线段? 8 个点呢?"这种以几何形态显现的问题,便于学生动手操作,通过一边画图一边探究，有助于学生对化归、数形结合和化繁为简等数学思想与方法形成系统的认识。解决这类问题的目的是引导学生进行思考，从而培养学生的思维能力，而思考是小学数学认知过程中的本质特点，深刻而有理性的思维是人的核心素养之一。

（1）由浅入深，深化学生的数学思考。

柏拉图说过，"我们应该区分两种不同的存在——经验的存在和理性的存在。经验的存在是有缺陷的，理性的存在才是完美的"。当我们遇到复杂的问题时，往往采取化难为易的方法，先从简单问题去思考，逐步找到其中的规律，再用规律去解决复杂的问题。本节课，教材中呈现的探究方法是：从简单问题（即2个点）开始，逐个增加点数进行探讨，去找寻其中的规律。这样，能让学生体验到从无序到有序、从杂乱中找到规律的思维过程，从而引导学生用每一个点与其他点分别相连，并寻找其中的规律。也就是说，引导学生发现，每次增加的线段数就是（点数—1），总线段数其实就是从1依次连加到点数减1的那个数的自然数数列之和。因此，只要知道点数是几，我们就从1开始，依次加到点数几减1，所得的和就是总线段数。这样，有助于提高学生的条理性与有序性，也更有助于学生清晰感受化难为易等方法。这样，不仅激发了学生学习欲望，同时又为渗透"有序思考"和"化繁为简"的方法埋下伏笔。

（2）由点到面，促进学生的数学思考。

小学生的思维是从一个个具体的点向知识的面汇聚的过程，也是学生思维从具体向抽象生长的过程。这一过程学生的数学思考由点到面不断生长，思维能力不断提高。本节课，教师采用从简到繁的思考方法，依托课件先探究2个点时连成一条线段，之后列出3个点、4个点、5个点等。让学生一边画图一边探究，并引导学生观察，当3个点时，增加线段条数是几？点数是4时，增加线段条数是多少？点数是5时呢？6时呢？那么，学生就有新的发现？再引导学生通过不完全归纳法，让学生观察这些算式的共有特征：都是从1依次加到点数减1的那个数，并归纳出公式为：线段条数＝点数×（点数－1）÷2。这样，学生在探究中建立了基本计算线段条数的模型，也体验到探究的快乐与成功后的喜悦，真正实现了在探究中学有所乐，在快乐中学有所获，从而也促进学生的数学思考。

（3）由定到变，激活学生的数学思考。

在数学教学中，我们需要培养学生数学思考的有序性与条理性，也要培养学生解决问题的灵活性与多样性，从有序的"规定"到看似无序的"变化"，往往能激发学生的认知冲突与解决问题的欲望。学生在这个过程中，思维的火花被点燃，积极思考成为可能。本节课，教师先引导学生思考并探究线段的关系，再变成将同一直线上的六个点与直线外一点依次连接，图上有几个三角形？并延伸出可以找出几个扇形？几个角？通过不断地变式训练，引导学生积极思考、不断探究，有助于提升学生的数学思考能力。

案例 4-5　　**采取有效教学策略提升数学核心素养**

数学核心素养可以理解为学生学习数学应当达成的有特定意义的综合性能力，核心素养不是指具体的知识与技能，也不是一般意义上的数学能力。核心素养基于数学知识技能，又高于具体的数学知识技能。核心素养反映数学本质与数学思想，是在数学学习过程中形成的，具有综合性、整体性和持久性。数学核心素养与数学课程的目标和内容直接相关，对于理解数学学科本质，开展数学评价等有着重要的意义。因此，著者从以下几个方面，简述如何培养学生的能力，提高学生的数学核心素养。

1. 在"观察"中发展学生的空间观念

由于小学生的想象力还未发展完善，在理解抽象的几何知识形成空间观念的过程中，存在着"难掌握易遗忘"的现象。因此，我们在发展学生空间观念的过程中，需要不断积累学生的认知经验。首先要有层次地引导学生进行观察，从观察事物的表面现象发现特征，再透过现象，找出事物的本质；其次要从低年级开始引导学生从不同角度观察物体，感受到同一物体的多变性，从而逐步形成对实物与平面图形关系的一些初步认识，积累一定的知识经验从而发展学生的空间观念。教师在教学中要充分利用学具，引导学生在观察、比较和实践中建立空间观念。这样的活动学生接触多了，二维和三维之间的转换就会越来越灵活自如，空间观念逐步形成。例如，教师在教学"观察物体"时，可以组织学生以小组为单位到操场上选定一个建筑物，让学生站在不同角度观察这个建筑物，体会从不同的角度看同一个物体时，形状产生的变化，并用简单的图形画下来。又例如，教师在教学"三角形面积的计算"时，放手让学生进行操作，许多学生会用两块完全一样的三角形拼成一个平行四边形，然后引导学生观察拼成的平行四边形与原来的三角形有什么联系？让学生通过观察比较，懂得"平行四边形的底等于三角形的底，平行四边形的高就是原来三角形的高"，还懂得"平行四边形是由两个完全一样三角形拼成的，所以三角形的面积就是平行四边形的一半"。这样，通过引导学生观察操作过程，既提高操作活动的有效性，又培养了学生的观察能力。

2. 在"操作"中发展学生的创新思维

创新思维是获取和发现新知识的一种重要思维，它表现为不循常规、不拘常法、不落俗套、寻求变异、勇于创新。教师在教学中要提倡标新立异，鼓励学生探究求新，激发学生在头脑中对已有知识进行"再加工"，并加以调整、改组和充实，创造性地寻找独特的解法，提出各种"别出心裁"的方法，这些都能促进学生思维独创性的形成。创新思维的发展离不开学生的体验，而学生数学体验的获取主要是通过动手操作，它是一种由多个感官参与的以感知形式为主的认识活动，只有切实经历有效的动手实践活动，才能逐步积累活动经验，形成积极的情感体验，从而有效地提高学生的数学素养。例如，教师在教学"认识人民币"一课时，如何正确兑换人民币是学生最难掌握的内容。当学生认识了各种面值的人民币后，教师先让同桌的两人互相合作兑换人民币，把课本附页剪下来的人民币拿出来进行兑换，师出示：一张5元人民币可以换成（　）张1元和（　）张2元的人民币。要求学生边摆、边说、边想，然后指名汇报并说出自己的想法。有的学生说：我换3张1元和1张2元的。师：你能说说自己的想法吗？生：3张1元是3元，1张2元是2元，3元加2元就是5元。还有学生说：我换2张2元和1张1元的，合起来也是5元。教师把他们的想法板书在黑板上，先肯定以上的算法都正确，然后表扬他们办法真多。学生通过动手操作，不仅能使知识记得更牢，还能培养自己的求异思维。

3. 在"表达"中发展学生的思维能力

语言是思维的外壳，从思维的开始，经历中间过程，再到结果，都要以语言来定型。教学中，教师要有效地向学生传授数学知识，发展学生的逻辑思维能力，就必须重视对学生进行数学语言训练。通过"说"这条主线，培养学生的口头表达能力与思维能力。教学中，如果教师只满足于学生说出是与非，或是多与少，而不在意学生表述是否完整，是否有条理，这样无助于学生思维能力的培养。教师要鼓励学生发表自己的见解，尽量要求学生有条理地讲述自己的思维过程，不但要说出答案，更要说出思考的过程，只有这样才能有效地培养学生的口头表达能力与逻辑思维能力。例如，教师在教学一年级的"数的顺序——比较大小"一课时，师出示：红球58个，篮球15个，黄球10个。要求学生用"多一些、少一些、多得多、少得多"说一说，要求语言清晰、表达完整。这对于一年级的学生来说确实有难度，由于一年级的学生年纪还小，课堂上虽然许多学生积极举手、踊跃发言，可往往站起来却抓耳挠腮，不知该怎么说。每当遇到这种情况时，我们要先进行示范，让他们懂得如何说，再让他们完整地进行表述，并适时对他们表扬与鼓励。学生尝到了成功的甜头，感到无比兴奋，更有表现的欲望时，探究的动力会更加强烈，思维也得到了发展。此时，学生会发现大数在前面时用多一些或多得多，小数在前面就用少一些或少得多。当学生说出自己与别人不同的想法时，教师应及时给予鼓励和肯定。学生的想象力是无限的，我们要保护好他们的积极性，才能迸发出更耀眼的智慧火花。

4. 在"思考"中发展学生的思辨能力

思辨能力就是数学思考和辨析的能力，根据小学数学的教学特点，它更多地指向数学的思考，让学生在数学学习活动中学会从数学的角度进行思考、辨析。因此，整个学习过程就是一个学生观察、实验、猜测、计算、推理、验证的过程，是数学知识的积累、方法的掌握、运用和内化的过程，同时也是数学思维品质不断培养强化的过程。显然，数学的有序性、数学知识的逻辑性、数学方法的多样性是我们提高数学素养的重要因素。

例如，教师在教学"小小设计师"一课时，课程最后有一个捉老虎的游戏，规则是这样的：先选5个人玩（包括教师），从教师开始，同学们一人对应一个字读儿歌，谁读到最后一个字"他"字，谁就被淘汰。5人玩的规律被学生找到后换6人玩，教师还可以继续追问如果7人玩呢？（玩之前先让学生想一想，这一次会淘汰谁呢？）当学生找到了由5个人、6个人、7个人玩游戏的规律后，老师适时提出问题："谁能想个办法淘汰老师呢？"这个问题的提出，不仅能激发学生积极参与活动的热情，更能促进他们主动开展数学思考，学生的思维潜能得以开启、智慧火花得以绽放，从而提高学生的思辨能力。

5.在"计算"中提高学生的运算能力

运算能力指运用有关运算的知识进行运算、推理求得运算结果的能力。在小学数学教学中，运算贯穿着数学教学的全过程。运算能力的好坏是学生今后学习数学的重要基础，因此，培养学生的运算能力是小学数学教学的一项重要任务。

要提高学生的运算能力，基础的计算要过关，口算是基础中的基础，可以根据每天的教学内容适时、适量对学生进行口算的训练。例如，学生在低年级时可以采用游戏的形式，即"开火车""找朋友""找门牌号""送信""对口令""夺红旗""闯关"等；在中年级时可以采用口算板、口算表、卡片、幻灯片或游戏进行训练；在高年级时训练的方式可以是指名答、抢答、听算、视算等。如果使用以上不同形式的训练方法，坚持每节课前适当的进行口算训练，相信一定能够很快提高学生的运算能力。除了要重视口算、笔算以及简便计算外，还要有计划地组织学生进行针对性训练与对比性训练。单项的计算要根据学生掌握的情况重点练，对于学生难掌握、易错之处要对比练。因此，教师在设计练习时应注意以下几点：

（1）突出方法重点练。可以设计一些能体现算理基础和算法形成的习题让学生练，如9+7=□的凑十计算过程，这样，学生既可明白算理，又可掌握计算方法，可起到事半功倍的作用。

（2）易混淆的对比练。将易混淆的题目放在一起，让学生区分比较，以提高学生的鉴别能力和计算的准确率。

（3）经常出错反复练。教师将学生计算时出现的一些典型错例板书出来，让学生找出错误之处，并进行纠正，为学生计算扫清障碍。帮助学生掌握计算方法，理解计算算理，能有效提高他们的计算能力。

在小学数学教学中，策略是多样的，只要能促进学生自主地发展，积极地参与数学的学习过程，保持浓厚的探究欲望，就能够提升学生的数学核心素养。

案例4-6　　**关注师生情感互动，唤醒学习源动力**

《课程标准（2011年版）》指出：数学课堂教学不仅是一个认识过程，而且也是一种情感交流的过程。可见，情感在课堂教学过程中的重要性，它是促进学生积极行动的因素。调动学生学习情感，不仅可以促进学生主动探究，而且对培养学生良好的学习习惯，提高学生的数学素养有着重要的意义。那么，如何发挥情感的积极作用呢？这值得我们不断探究与思考。

1. 以情换情，亲其师而信其道

古云：感人心者，其先乎情。忽视情感的教学是片面的、非人格化的，课堂教学是师生交流互动的过程，更是彼此情感交流的过程。学生的知识和能力的获得，是在教师的激励与引导下，通过自己的内化活动来实现的，而学生真正意义上的内化，学习的情感因素起着至关重要的作用。因此，教师只有以饱满的热情去关爱学生，师生之间才能建立良好的心灵沟通。学生在爱的滋润下自然而然地把教师当作最可信赖、最可亲近的人，学生也就很容易接受教师的教学，参与学习的热情和动力自然就不言而喻了。

著者曾经到一所寄宿制学校给六年级的学生上课，这里的大部分学生每年放假才能回到父母身边。著者发现，该校六年级的学生普遍不喜欢发言，更不用说让学生提出问题了。课前到了班上，著者是满脸笑容地走进教室，可是，学生并没有回报笑容，一个个静静地打量着我，有的学生干脆低下头做自己的事情。著者定了定神，说了一句话："李老师有一个和你们一样大的儿子，你们可以把我当成你们的妈妈。"如果在其他学校说出这句话可能效果一般，可是那天的收效非比寻常，因为我们知道这些孩子常年离开父母，母爱对他们来说是非常珍贵的。话音刚落，我看到孩子们的眼神都不同了，几个女生开始笑着看着我，有一个男孩子站起来说："李老师，你很像我的妈妈。"我当时挺心疼他的，立马走过去，拉住他比画了一下，坚定地告诉他，你跟我儿子一样高。接下来，我的身边围满了学生，"李老师，有什么需要我帮忙的吗？"这节课学生发言积极，课堂上经常"蹦"出一些特别精彩的问题，课后很多学生向我要了电话号码。因此，只要心中有爱，孩子们能感觉得到，你给他一滴甘露，他们还你一片森林。

二、以趣激情，乐自在其中

教学不在于传授，而在于激励、唤醒和鼓舞，这才是教学的本质所在。一个人只有对学习产生了浓厚的兴趣，才会把学习知识当成自己的内需。正确的动机、浓厚的兴趣是智力发展的动力、催化剂，是成功的秘诀。教学中，教师要善于借用具体的事例、通过不同的方法创设求知情境，努力将抽象的内容具体化，使枯燥的材料变得更加生动。真正的数学是丰富多彩的，不是单纯的数学知识，它有着实实在在的生活背景，从生活中来的数学是"活"的数学、有意义的数学。因此，教师要善于捕捉生活中的素材，将生活中的教育资源与书本中的知识相互融通，寻找数学知识与学生熟悉的生活情境的切入点，创设一种贴近实际生活的情境，把抽象思维"物"化为学生已有的生活表象，而后回归到生活中去，体验数学的价值与力量。当充分调动学生的学习兴趣，满足学生求知欲的需要时，学生就会对学习产生兴趣。

在教学"角的初步认识"一课时，学生需要掌握角的认识、画角、角的大小与什么有关等知识，每个知识点可以分解成活动进行，如果活动中学生真正动手、动口、动脑、动眼的时间不是很充分，教学会呈现"走过场"的状态。学生对"角"这个字并不陌生，但是生活中人们所说的角与数学中的角是有区别的。教师要想课堂能有所深入，就应该在课前让学生进行充分的感知。根据学生已经形成的学习习惯，著者布置了这样的调查要求：

（1）到生活中的物体上找到角，用手摸一摸，用眼睛看一看，把感觉告诉爸爸妈妈。

（2）想一想你有什么发现或者有什么问题。

在教学中有几个片段给著者留下了深刻的印象。如学生在找钟面上的角时，通常多数学生只找到时针、分针组成一个角，但有的学生还发现时针和分针这两根针的本身也有角，针尖有一个角、针尾有两个角，还有一个孩子居然把钟倒过来，指出钟的底座的长方形中有四个角，原来课前学生已经把家里的钟翻来覆去地研究了很久了。还有一个学生在创造角的过程中另辟蹊径，他把一张圆形纸揉成一团，问："老师，你知道现在有多少个角吗？"顿时，听课的教师给了他热烈的掌声。教学中，还有学生把物体中突起的部分都当成了角，像牛角、钉子、桌角等，这与本节课所教学的角的概念产生了矛盾，正是这种矛盾促使学生对角的认识更加深刻，他们明白了这些生活中的角并非数学中的角。有的学生还通过比较发现，我们学习的角是一个平面图形；还有的学生知道角分成钝角、锐角、直角、平角、周角，还可以用量角器来度量角的大小。可以想象一下，如果没有课前的充分感知，学生有可能在这么短的时间里，发现出这么多的资源吗？当学生带着这些"鲜活"的资源走进课堂，就使教学变得更具有活力。

3. 以动促情，此时无声胜有声

好动是儿童的天性，操作是智力的源泉、思维的起点。动手操作，易于促进、兴趣、建立表象、理解知识。实践证明：让学生动手操作参与教学比教师通过拼、摆、分，听教师讲解获得的知识牢固得多。学生乐于模仿，什么都喜欢动手试一试。所以教师在教学中，可从操作入手，调动学生多种感官参与活动，在动脑思考、动口表达等操作活动中掌握抽象的数学知识，既发展了他们的思维，又提高他们的学习兴趣，使知识与情感更好地融合起来。

教师在教学"三角形的三边关系"时，当学生发现教师给出的三根小棒因为"短的两边之和小于第三边"，不能围成三角形时，问题自然产生了：如何让这三根小棒围成三角形呢？学生提出：把最长的那根小棒剪短就可以了。我们接下来将学生剪小棒的活动分成两个活动。

活动一：剪到多长就可以围成三角形呢？学生开始动手操作，此时学生分成了几个层次：第一层次的学生小心翼翼地剪，剪一点点试一试，再剪一点点再试一试。这部分孩子没能把刚刚发现的规律运用到实践中，因此我们不能着急，要给他们足够的动手时间，这部分孩子试了好多次之后终于可以围成三角形了，我把他们刚刚剪的过程展示出来，问：为什么他们剪了这么多次，都不能围成三角形呢？学生很快发现：原来短的两条边的和小于第三边，所以一直不能围成。第二层次的学生比较多，他们就剪一刀，他们剪出短的两根小棒的总长度与第三根长的小棒长度相等，此时通过展示学生发现还是无法围成，因为中间还有一点点缝隙。第三层次的学生剪出了短的两边之和大于第三边，可以围成三角形。至此，学生通过自主操作对三角形的三边关系有了初步的建构。

活动二：再剪下去还能围成三角形吗？学生大部分认为是可以，我让学生们再试着剪一剪、摆一摆。结果学生发现长的那根小棒如果剪太短了，也不能围成三角形，因为又会出现"两边之和小于第三边"的情况，学生从而得出：每一组的两边之后都要大于第三边才能围成三角形的结论。通过两次的操作活动，学生对三角形三边关系的认知已经非常深刻了，只需教师适时的点拨、引导，新知很容易地被学生探索出来，学生在自主操作的学习环境探究新知，增进了学生的学习情感。

4. 以疑动情, 柳暗花明又一村

读书无疑, 须教有疑, 有疑者却无疑, 到这里方是长进。疑问像一剂"兴奋剂", 让学生保持强烈的求知欲望, 激励他们积极进取。课堂上, 我们不仅要放开让学生敢于质疑, 最重要的是面对学生提出的问题, 教师要善于把握、及时回应。教师不要急着告诉学生答案, 而是让学生带着这些问题深入探索, 或许能收到意想不到的效果, 数学学习的魅力油然而生。

教师在教学"万以内数的读写法"时, 有一个学生提出: "为什么中间的两个'零'只能读一个'零'呢? 为什么不能把两个'零'都读出来呢?"他的意见得到很多同学的赞同: "只读一个'零', 在写数的时候就会写成一个'零', 如果读出两个'零'就不会写错了。"此时, 教师如果直接告诉他这是规定, 是不能打消他们心中的疑虑的, 而且这也是本节课的难点, 如何进行突破呢? 著者想试试看孩子们有没有办法, 于是, 也"困惑"道: "你们说的也挺有道理的, 读出两个'零'不就不容易写错了吗? 可是为什么还要有这样的规定呢?"班上一下子安静了下来, 突然有个孩子笑了: "我明白了, 如果中间有三个'零', 例如: 30004 我们读成'三万零零零四'就比较麻烦了。"此时, 班上的气氛顿时活跃了起来: "如果中间有 7 个零、8 个零, 把这些零都读出来, 那可怎么读呀?""老师, 我知道了, 原来中间连续的两个零只读一个零是为了读得方便。"为了让他们思考得更深入, 著者又提出了一个问题: "这样读是方便了, 可是数的大小有没有改变呢?"著者让学生以小组为单位进行讨论, 学生的回答非常精彩: "我认为不会改变, 例如六千零四, 六千的六就在千位上, 四在个位上, 百位、十位没有表示出来, 那么他们都是'0', 这个零代表两个'0'。"还有的说: "只要确定零的前后

两个数位，就知道中间的零代表哪些数位。"从这个教学片段中，著者捕捉到了学生的疑问，"为什么中间连续的两个零只读一个零？"及时引导学生进行思考，并在思考的基础上，再延伸出新的信息，"两个零只读一个零是否会改变数的大小。"虽然解决这两个问题使得本节课的教学程序有所调整，但通过解决这两个问题就把读数的重难点突破了。这些问题来源于学生，他们在提出问题之前就经过思考，这样为深入的探究打下基础。

总之，教师在教学中，要重视情感因素的培养，充分运用情感，以情换情、以趣激情、以动促情、以疑动情，让学生积极参与学习全过程，从而获得认知与情感的全面发展，有效地提高课堂的教学效率。

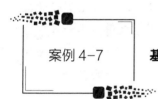

案例4-7　基于认知心理引领有效学习
　　　　——人教版数学三年级下册"笔算除法"的教学建议

在小学数学计算教学中，教师既要考虑学生的认知特点，符合学生的认知发展规律，又要结合计算自身的特性，科学合理地组织课堂教学。只有这样，抽象的算理与算法才能被活泼灵动的小学生所接受。因此，教学"除数是一位数的除法"时，我们要认真解读教材、分析学情，依据学生认知特点，寻求相应的教学策略，努力提高课堂教学效果。

1.针对学生思维特点，物化理解算理

小学生的认知以具体形象为主，而数学的算理相对比较抽象。因此，教师在计算教学时，需要多借助直观形象的物体，帮助学生理解算理。如果不让学生动手操作进行体验，学生在理解算理的过程中思维就可能会出现障碍，那么，计算过程就可能出现混乱而产生计算错误。因此，教学"除数是一位数的除法"时，教师要为学生提供操作活动的材料，把操作过程和竖式结合起来，通过自主探究，合作交流的方式，帮助学生理解除法的算理。例如，老师在教学例 1 时，让学生通过分小棒的活动，不仅使学生知道为什么笔算除法要从被除数的最高位开始除的原因，同时也明白了商的位置要和被除数的数位对齐的道理，竖式计算过程中"除、乘、减"每一步的意义。在教学例 2 时，再让学生通过分小棒的活动，在分的过程中，学生发现 5 捆小棒和 2 根小棒平均分了以后，多的那 1 捆要把它拆开变成 10 个一和剩下的 2 根合起来再继续分，刚好每边还可以分 6 根。教师借助直观的操作，轻松地突破了本节课的教学难点，让学生理解竖式计算中为什么十位余下的 1 个十要和后面个位落下来的 2 合在一起再除的算理。同时也让学生感受到在数学学习中，通过适当的动手操作可以让自己豁然开朗，更好地明白算理。

2.借助除法竖式的直观，形象掌握算法

认知心理学强调学习是学生自主认知、主动建构的过程，学生是学习的主体。而学生的学习是对外在信息进行解释、成像、重组、建构、运用等心理活动过程。因此，教师在教学时，不是把知识简单地传递给学生，而是由学生基于自己理解的主动建构过程。在教学"除数是一位数的除法"时，教师要大胆放手让学生进行尝试计算，探究计算方法、理解计算算理，然后指名汇报，就有可能出现以下几种情况：

```
        2 1
    2 ╱ 4 2
        4
    2 ╱
          2
          2
          0
```

在竖式中呈现两个除号和除数，学生能直观地看到两次除的过程。此时，教师应该引导学生明确每一个步骤的含义：第一步是用十位上的 4 除以 2，第二步是用个位上的 2 除以 2。这样，在学生理解算理的基础上，竖式就与算理直观且和谐的统一了。教师接着向学生讲述，当第二步除数与第一步相同时可以省略不写，第二步的除号也可以简写为一条线段，它既表示第一步的等号，又表示第二步的除号。这样，竖式的书写就简便多了。通过教师的引导，能让学生更加明白竖式计算中每一步骤书写的算理，帮助学生更好地掌握竖式计算的方法。

3. 借助已有学习经验，做到理法相通

学习是建构内在心理表征的过程，学习不是把知识从外界搬到记忆中，而是以已有经验为基础，通过与外界的相互作用，运用已有的认知结构对新信息进行加工而建构成的。在学习除数是一位数的笔算除法之前，学生已经掌握了用乘法口诀求商的方法，初步学会了除法竖式的写法。在此基础上，学习除数是一位数的除法，探索的是两次或两次以上的分物过程。我们可以用 $42 \div 2 = (\quad)$ 这样最浅显的分物过程来说明最深的算理：分物与竖式书写是同步的。怎么分就怎么写，分几次就有几层"楼梯"。因此，在教学"除数是一位数的除法"时，我们通常可以借助学

具操作、口算、笔算三者的联系来进行教学，通过三位一体的勾连，学生对于除法竖式有了一个全面的理解。教师通过把竖式与口算连接，学生体会了位值的意义；通过把竖式与操作连接，学生体会了除法的意义，体会了竖式每一步的内涵。教学时教师要以动手操作为手段，以探究除法竖式的书写格式和计算顺序为线索；运用操作的方法和口算方法进行计算，并借助这两种方法自行探究笔算除法中每一步的计算含义，从而让学生自主理解算理牢固地掌握计算方法。

4.关注学生认知偏差，强化针对训练

认知心理学认为，"计算方法"不只是某种由记忆所形成的联结的总和，也不只是一种心理的习惯，它是一种复杂而又真实的思维活动。任何一个计算法则都不应通过死记硬背去获得，而是要帮助他们逐渐获取并掌握计算法则。为此，在教学"除数是一位数的除法"时，除法竖式过程步骤虽简单重复，但繁多，学生还是容易出现混淆。如：

$$
\begin{array}{r}
2\ 1 \\
2\ {\overline{\smash{\big)}\,5\ 2}} \\
\underline{4} \\
2 \\
\underline{2} \\
0
\end{array}
$$

以上说明学生对除法竖式计算还是出现认知偏差，一除完十位，个位计算重复时出现了错误，另外，受平时竖式表面直观感受，总感觉一竖下来数字是相同的。由于除法竖式计算每求出一次商都要三个不同的步骤，当商是多位数时学生容易产生混乱，

也容易出现错误。为此，教师要了解学生出现差错的原因，针对性地引导学生对错误进行探究：第一，十位上的 5 除以 2 得到的 2 表示什么？（2 个十）所以这里的 2 应该写在商的哪一位上？第二，5 个十除以 2 得到 2 个十还余 1 个什么？（1 个十）1 除以 2 不够除该怎么办？（把 2 移下来）2 表示什么？那么 1 个十与 2 个合一起是表示多少个一呢？除以 2 得到多少？表示什么？应写商的什么位上？教师如此引导学生经历除法算理的探究过程，学生不仅知道每一次除得的商应写在哪一位上，也深刻体会到了十位数上余下的数不够除，余 1 个十，要与个位上数合起来再除，除得商应写在个位上，从而为学生今后学习打下坚实的基础。

总之，在计算教学中应重视理解算理和掌握算法，明确学生只有在理解算理的基础上掌握算法，才能形成真正的计算技能，从而达到会算的目的。

[教学片段]　人教版数学三年级下册"笔算除法"教学设计

在学生经历探索两位数除以一位数的计算方法的过程，初步掌握两位数除以一位数的笔算方法并能正确计算后，体验数学知识的迁移与联系。此外，在小组合作、探索过程中获得成功的体验，培养学生的好奇心和求知欲，也培养学生的合作与探究精神。

1.复习铺垫，激活经验

（1）口答。
42 是由几个十和几个一组成的？

52 如果去掉 4 个十，还剩下几个一？

（2）口算。

35÷7=　　48÷8=　　120÷4=　　540÷9=

48÷2=　　84÷4=

（并说出 540÷9=　　，48÷2=　　的口算过程）

【设计意图】激活学生已有的学习经验，为新知学习奠定扎实的基础。

2.创设情境，引入新课

师：同学们，你知道植树节是几月几日吗？为什么要植树？

师：为了响应国家号召，过几天就是 3 月 12 日，某学校要在植树节那天，组织三年级的同学到山坡上去植树，让我们一起去看看吧！

（出示图 4-5）

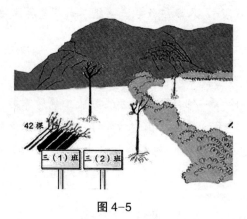

图 4-5

（1）引导学生认真观察，理解图意。

（2）说一说你从图中看懂了什么。

（3）想一想：根据这些信息，我们能提出哪些数学问题？

【设计意图】直奔主题设计除法问题，可以突出本节课的教学重点，也培养了学生的观察能力、口头表达能力与问题意识。

3. 探究交流，解决问题

（1）根据图 4-5 的信息，用自己的语言口述，编一道除法应用题。

（2）出示例题 1：三（1）班和三（2）班一共种了 42 棵树，三年级平均每班种多少棵树？你会列式计算吗？

（3）42÷2=（　　）表示什么意思？

师：你能用前面学过的方法算出它的结果吗？说说你是怎么算的？能用小棒摆一摆吗？

（4）如果用竖式，你觉得该如何书写呢？试试看？

（学生尝试，教师巡视指导）

（5）对照一下课本，你写得跟它一样吗？然后在小组内进行交流。

（预设问题：竖式为什么要分成两层？每一层是怎样计算的呢？竖式第一层 4-4=0 为什么 0 不写，而第二层 2-2=0，却要写0 呢？）

$$
\begin{array}{r}
2\ 1 \\
2\,\overline{)4\ 2} \\
4 \\
\overline{\,2} \\
2 \\
\overline{0}
\end{array}
$$

（6）指名小组上台汇报与板演。

（上台汇报小组：一位同学说计算过程，一位同学在实物投影上用小棒代替树分一分，还有一位同学进行板演。）

（7）想一想：写竖式要分几步来写？

（8）教师讲解竖式除法的步骤和关键。

【设计意图】让学生通过操作体会计算的过程，并通过数形结合与小组汇报交流，帮助学生加深对笔算除法的理解与掌握。

（9）巩固练习：$68÷2=(\quad)$。

（指名板演）

师：请大家观察例1与练习题，这两道除法的计算，在计算时都从哪一位算起？是怎样算的？

（引导学生把例1和练习题与复习的竖式进行比较。它们都是用竖式计算，有什么相同点和不同点呢？）

【设计意图】通过练习、观察、比较，初步体会到笔算除法从高位算起的计算法则。

4. 自主探究、尝试练习

教师出示例题：四年级两个班共种52棵树，平均每班种多少棵？

师：52根小棒平均分成2份，该怎样分小棒呢？

（1）学生先尝试独立计算，后在小组内进行交流。

（2）教师指名小组上台汇报计算过程。

（3）比较刚才这几道题在计算上有什么相同的地方。

教师归纳总结计算方法：我们今天学习的笔算除法应先从哪位除起？每次除得的商写在什么位置上？

【设计意图】通过对相关练习及寻找例1、例2在计算上的相同点及不同点，帮助学生初步掌握计算方法，并适当地对计算过程进行梳理与归纳，帮助学生进一步理解与掌握计算方法。

5. 巩固应用，内化提高

（1）出示课本第 19 页第 1 题前两题：26÷2、34÷2。

①全班学生在自己的练习本上独立完成计算，然后教师指名两个人上台进行板演。

（师巡视，指导学习有困难的学生）

②集体订正，教师请同学叙述计算过程。

③质疑计算中出现的问题。

（2）出示课本第 19 页第 2 题。

①观察、研讨计算中出现的错误。

②改正图 4-6 的错误。

③提出改进方法。

（3）做教材第 19 页练习四的第 4 题：三年级有 90 名学生。每两人用一张课桌，需要多少张课桌？把这些课桌平均放在 3 间教室里，每间教室放多少张？

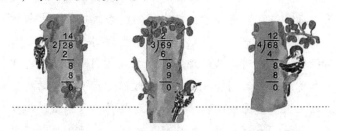

图 4-6

6. 课内小结，梳理提升

师：通过这节课的学习，你有什么收获或有什么地方要提醒其他同学？

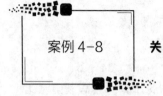

案例 4-8　**关注问题导学发展数学思想与方法**
　　　　——以人教版数学三年级"周长的认识"的教学为例

　　"问题导学"是通过问题不断驱动着学生主动思考、自主学习，这种教学方式改变了教师的"教"和学生的"学"。教学三年级"周长的认识"时，教师课前检测 10 个学生 3 个问题的掌握情况：（1）什么是周长？有两个学生说：长方形一圈的长度是它的周长。另一个学生说：图形全部的长是周长。余下的同学无法正确完整地说出周长的概念。（2）这两个图形有周长吗？如果有，能指出周长在哪里吗？第一个图形是长方形，学生基本都能正确地沿着四条边绕一圈，第二个图是一个非封闭图形，学生沿着线，从一个端点到另一个端点，他们认为这条线的长度是这个图形的周长。（3）两个长方形合并成一个大长方形，这个大长方形的周长在哪呢？大部分学生把中间的那条线也算作大长方形的周长。从课前检测中我们可以看出，学生对周长的认识是有一定的生活经验，但是对周长的理解却停留在"图形的所有'线'的长度之和都是图形的周长"这一错误认识。在了解了学生认知起点的基础上，本节课我们尝试通过问题导学，作为撬动学生思维的支点，设计富有探究性、类比性、干扰性、结构性的问题引发学生的思考，从而有层次、有深度地完成学习过程，激发学生主动学习的积极性。

1. 以探究性问题完善数学归纳

　　由于数学的知识表述言简意赅，字数不多，但是蕴藏的内涵丰富，小学生很难通过自主阅读把整个知识体系厘清弄透，存在理解片面化、表面化的现象。因此，需要教师把知识点转化为一个个探究性的点，通过对知识点的设疑、质疑、分析，从而激发学生主动思考，逐步培养学生对教材的分析、解读、归纳、演绎的能力，促进思维的发展。

教材中对周长的概念是这样描述的：封闭图形一周的长度，是它的周长。结合教材的内容我们把周长这个概念分解成几个探究性问题：（1）三只小动物走的路线是游泳池的周长吗？（2）怎样才算是一周？（3）小鸭子游的路线是谁的周长？（4）周长为什么需要封闭图形？这四个问题用一个问题情境来完成学习过程。

第一个问题：三只小动物走的路线是游泳池的周长吗？通过三幅情境图展示三只小动物在游泳池的活动路线，判断哪一条路线是游泳池的周长。第一幅图是小鸭子在游泳池里游泳，它游了一周，但不是在游泳池的边线上，所以不是游泳池的周长。此时理解一个问题：什么是边线？边线是指图形最外边一周的线。虽然边线这个词是生活化的语言，但对于三年级的学生而言很容易接受，也符合他们的年龄特征，便于他们理解。第三幅图小乌龟沿着边线走了半圈，不是周长，只有第二幅小熊走的路线才是游泳池的周长。

第二个问题：怎样才算是一周？把第三幅图小乌龟与第二幅图小熊的路线进行对比，通过比较学生发现一周应该是从起点回到起点，而小乌龟没有回到起点。从而得出一周就是沿着图形的边线从起点回到起点。

第三个问题：小鸭子游的路线是谁的周长？小鸭子游的长度虽然不是游泳池的周长，但是它是沿着小岛的边线游了一周，是小岛的周长。通过对比，学生就能理解谁的周长就是指它的边线一周的长度。

第四个问题：为什么周长需要的是封闭图形？通过一周是从

起点回到起点的理解，学生很容易就发现非封闭图形无法做到从起点回到起点，所以周长必须是封闭图形。

本节课四个探究性的问题融合在三幅情境图中，学生通过观察、比较、分析自主探究周长的意义，对周长的理解从生活经验上升到了数学经验。

2. 以类比性问题引发类比转化

计算周长是教学中的一个重要内容，周长的计算如何进行迁移，是这节课需要回答的一个问题。著者设计了一系列类比性问题，引发学生不断地思考、比较，自主迁移周长计算的方法，学生最后发现平面图形周长的计算方法就是求所有边长的总和。

根据核心问题"怎样计算图形的周长"展开问题：（1）两个图形的周长，哪个长？著者设计了两个图形：一个是正三角形，一个是一般四边形。学生首先测量这两个图形每条边的长度，通过计算发现，三角形的周长是三条边的和，四边形的周长是四条边的和，学生初步感知图形的周长是边长的总和。（2）分别计算五边形、六边形、八边形、十六边形、三十二边形等图形的周长，会有什么发现？学生在迁移三角形和四边形周长计算方法的同时，发现五边形的周长是五条边的和、六边形的周长是六条边的和、八边形的周长是八边形的和，在逐步累积经验的过程中，学生发现尽管图形的边数越来越多，但是周长都是这些图形所有边长的总和。（3）怎样计算圆形的周长？接着在图形的边数不断增加，渐渐地接近圆形时，极限的思想在这里开始萌芽，120边形的周长就是120条边的和，到最后无限地演变下去，终于形成圆形，学生迁移前面的经验得出圆形的周长就是这条曲线的长度。学生对周长计算的理解再次从直线图形上升到了曲线图形，形成了一个完整的认知体系。怎样测量矿泉水瓶盖的周长呢？学生再次迁移直线图形的周长计算方法，用绕绳法、滚动法，体验了化曲为直的思想。教师运用类比性问题，搭建了知识之间联系的平台，引发迁移性思维，使学生能尽快地建构新的数学模型。

3. 以干扰性问题促进猜想验证

学生在解决问题时经常会受到一些因素的干扰，影响他们正确解题，同时阻碍学生思维能力的发展。在本节课的教学中，教师可有意设置一些干扰性的问题，让学生在先"破"再"立"，进一步理解周长的意义。

练习中设计了两个问题。第一个问题：把长方形沿着顶点减去一个小正方形（如图4-7），判断周长发生什么变化？学生的初次反应剪去一个小正方形周长变小了，受到面的减少的干扰把面的减少与周长的减少等同起来。通过计算，学生发现周长相等，引发进一步思考，为什么剪去一个小正方形周长没有发生变化呢？通过平移，学生发现当补上剪去的边之后，周长不变。第二个问题：长方形沿着长向内剪去一个同样大的小正方形时（如图4-8），周长发生什么变化？受到前一个问题的干扰，此时，学生初次反应是周长相等，但经过计算发现周长变长了。又引发了第二次思考：为什么都是剪掉一个同样大小的长方形，前一个周长不变，而这个周长发生改变了呢？通过平移，学生发现，这次只要移动一条边就能补上少掉的边，多出了两条边，所以周长变长了。两个问题使学生经历了两破两立的过程，打破原有的认知，引发了学生主动地思考，完成了对知识的重新建构。

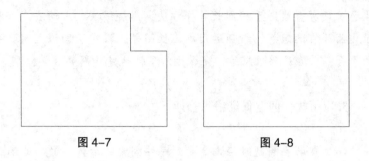

图 4-7   图 4-8

4. 以结构性问题实现知识建模

数学是一个知识结构联系紧密的学科，教师通过设置结构性问题，加强知识之间的关联，做到"瞻前顾后"，发展思维的整体性，能帮助学生学会思考，促进学生的思维发展。

周长的认识是在学生已经初步认识了一些简单的平面图形、常用的长度单位、会测量线段长度的基础上进行的教学，它也是后续学习各种平面图形周长的基础。"瞻前"是与先前线段的测量进行比较提出问题：平面图形周长的测量与过去学过线段的测量之间有什么联系呢？应让学生认识到，把平面图形的边拉成一条线段，那么周长的计算实际上就是测量这条线段的长度，新旧知识实现了对接，诠释了周长的计算就是线段测量的这个本质特征，从而建立起平面图形周长计算完整的知识框架。"顾后"是指通过计算不同的平面图形的周长，得出结论：平面图形周长就是所有边长的总和，为后续的学习打好了基础。

"问题导学"的数学课堂，以问题作为出发点和最终归宿，充分保证了学生学习的主体地位，更多地关注了学生的思维过程，极大地激发了学生学习数学的积极性，切实促进了学生思维的创新和发展。

[教学片段]　人教版数学三年级上册"周长的认识"第一课
时教学设计

通过观察、比较、测量等活动认识周长的意义，把周长与生
活联系起来；在看一看、比一比、画一画、量一量的过程中，发
展学生的空间概念；用不同的策略解决生活中的实际问题，体验
化曲为直的数学思想。

1. 观察——感知周长

（1）揭示周长含义。

师提问：同学们听过周长这个词吗？你知道什么是周长吗？

（出示三种小动物在游泳池上的活动场景）

师提问：我们一起来观察这三幅图，哪一只小动物行走的路
线是游泳池的周长呢？

师提问：边线是什么意思？怎么样才能算是一周呢？小鸭子
游的路线是谁的周长？为什么周长需要封闭图形？

（2）感知周长。

①找一找：找一找身边物体表面的周长，用手摸一摸，并比
画给同桌看一看。

②描一描：同桌相互合作，观察一下，在预习中同学们描出
的课本封面和树叶叶面的周长对不对？

【设计意图】运用探究性问题引发学生深入思考，不断地比
较不同的行走路线，深刻理解周长的意义，通过摸一摸、描一描
把周长的认识从生活经验升华到数学经验。

2.测量——认识周长

（1）求直线图形的周长。

师提问：这两个图形（图4-9）的周长，哪个长？你能计算出它们的周长吗？把你预习的成果与小组的同学交流一下。

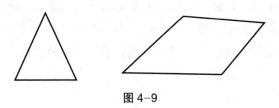

图4-9

（展示学生不同的计算方法）

②出示五边形、六边形、八边形、十六边形、三十二边形等。

师提问：你能算出这些图形的周长吗？通过周长的计算，你有什么发现？

师概括：平面图形的周长就是所有边长的总和。

（2）求曲线图形的周长。

师：图形的边数继续增加，最后形成圆形。

师：圆的周长在哪里？现在还能用尺子量出各边的长度，算出周长吗？矿泉水瓶盖的面也是圆形，怎样计算圆的周长呢？

（展示学生的滚动法、绕绳法）

师小结：我可以把弯曲的边转化成直的边，求出周长，这在数学中称为化曲为直。

【设计意图】通过三角形和四边形的周长计算，引发学生不断地迁移周长的计算方法，随后探索五边形、六边形等图形周长的计算，总结得出平面图形周长计算的方法就是求所有边长的总和。

3. 思考——理解周长

师展示图 4-10 至图 4-12。

（1）把长方形沿着顶点剪去一个小长方形（图 4-8），周长发生什么变化？

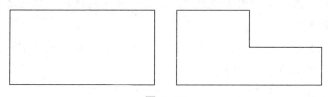

图 4-10

（2）把长方形沿着边剪去一个小长方形（图 4-9），周长发生什么变化？

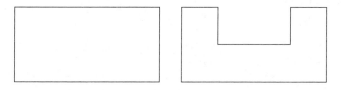

图 4-11

（3）两个长方形合并成一个长方形（图 4-10），大长方形的周长是多少呢？

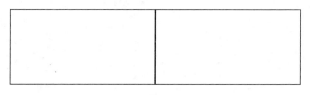

图 4-12

【设计意图】通过图形的变化，让学生感受周长的变化过程，先"破"再"立"，正确理解周长与图形之间的变化关系，深化学生对周长的理解。

4. 联系——完善结构

师提问：平面图形周长的测量与过去学过线段的测量之间有什么联系呢？

师展示：通过课件演示，把三角形、长方形、五边形、圆形等平面图形的边拉成一条线段。

师概括：平面图形的周长可以转化成一条线段，这条线段的长就是平面图形的周长。

【设计意图】把平面图形转化成线段，完成二维空间到一维空间的转换，实现知识结构的前后联系，表明周长的本质特征就是线段的测量。

参考文献

[1] 余文森 . 核心素养导向的课堂教学 [M]. 上海：上海教育出版杜，2017.

[2] 叶澜 . "新基础教育"探索性研究报告集 [M]. 上海：上海三联书店，1999.

[3] 王永春 . 小学数学与数学思想方法 [M]. 上海：华东师范大学出版社，2014.

[4] 林碧珍 . 数学思维养成课——小学数学这样教 [M]. 福州：福建教育出版社，2013.

[5] 陈华忠 . 小学数学与核心问题 [M]. 沈阳：辽宁教育电子音像出版社，2018.

[6] 苏明强 . 小学数学教学案例研究 [M]. 长春：东北师范大学出版社，2020.